祛魅

让自己重活一次

顾忆尘 著

北京联合出版公司
Beijing United Publishing Co.,Ltd.

图书在版编目（CIP）数据

祛魅，让自己重活一次 / 顾忆尘著 . — 北京 : 北
京联合出版公司 , 2025. 2. — ISBN 978-7-5596-8246-8

Ⅰ . B821-49

中国国家版本馆 CIP 数据核字第 2025WP0859 号

祛魅，让自己重活一次

著　　者：顾忆尘

出 品 人：赵红仕

责任编辑：周　杨

封面设计：韩　立

内文排版：吴秀侠

北京联合出版公司出版

（北京市西城区德外大街 83 号楼 9 层　100088）

河北松源印刷有限公司印刷　新华书店经销

字数 114 千字　720 毫米 × 1020 毫米　1/16　12 印张

2025 年 2 月第 1 版　2025 年 2 月第 1 次印刷

ISBN 978-7-5596-8246-8

定价：46.00 元

我们总习惯在生活的褶皱里寻找替罪羊 ——原生家庭像一堵推不倒的墙，时代浪潮卷走了机遇，人际关系织成困住手脚的网，等等。可当我们把人生切割成无数个"如果当初"的假设，却始终不愿承认：那些将我们困在原地的绳索，多半是自己亲手系上的死结。其实，好起来的从来都不是生活，而是你的选择和态度，这取决于你如何看待琐碎的生活和这个复杂的世界。生活不简单，尽量简单过。

幸福的开关，就在每个人的身上。真正的美好，不依赖于任何外在的人或物，也不是来自变化无常的感觉与情绪，而是内心一种清楚、愉快与平静的状态。有了这本书，我们会发现原来生活中有许多让人钟爱的小事情：一个人跳舞、跟爱着的人说"我爱你"、新发型得到赞美……它们多得可以列满一整张纸。

这是一本妙不可言的幸福书，作者将生活中一些平常的小事用显微镜高度放大，浓缩成精华，汇聚成一部幸福大百科。

它不仅关乎心灵，更关乎现世人生，关乎如何看待这个世界、看待这个纷繁世界里如花的生命。

夜里睡了一个好觉，早晨醒来又遇到一个晴朗的日子，一天都会保持愉快的心情；空气中弥漫着刚出炉的面包香，吃到自己最喜欢的食物，便会觉得生活有滋有味；在远方有亲密的朋友，他乡遇故知，内心就会感到格外温暖……

一份浪漫、一缕亲情、一段人与动物的相伴相依、一种人和自然的水乳交融，所有这些，总会带来欢欣，让我们爬出忧伤的深井、走出人生的黑暗、发现人生的美好。即便只是马桶上的一个微笑、入睡前的一点儿安宁，也能教我们学会一种新的生活方式：细心品味身边平淡而又温暖的小事，就会发觉日常生活中俯拾皆是的美好。

现代人最大的困境，是活成了自己人生的旁观者。我们任由外界定义幸福的刻度，用社交媒体的滤镜校准生活，把情绪开关交给瞬息万变的外部世界。殊不知真正的祛魅，是拆解那些被强行植入的价值坐标系。

生活从来不是拜高踩低的小人，只有你自己的选择能决定你的生活是变得更好，还是变得更差。人生是一条漫长且艰辛的道路，愿走在这条道路上的你，永远不会放弃追求好好生活的希望。愿你永远保持赤诚之心，永远朝气蓬勃、热泪盈眶，活得简单又有趣，活得平静而美好，活得快乐且知足。

目录

CONTENTS

二、和喜欢的一切在一起

三、与有趣的人，做有趣的事

四、一个人也可以活得漂亮

五、越简单，越快乐

六、生活琐碎，愿你永葆赤诚之心

把时间"浪费"在美好的事物上

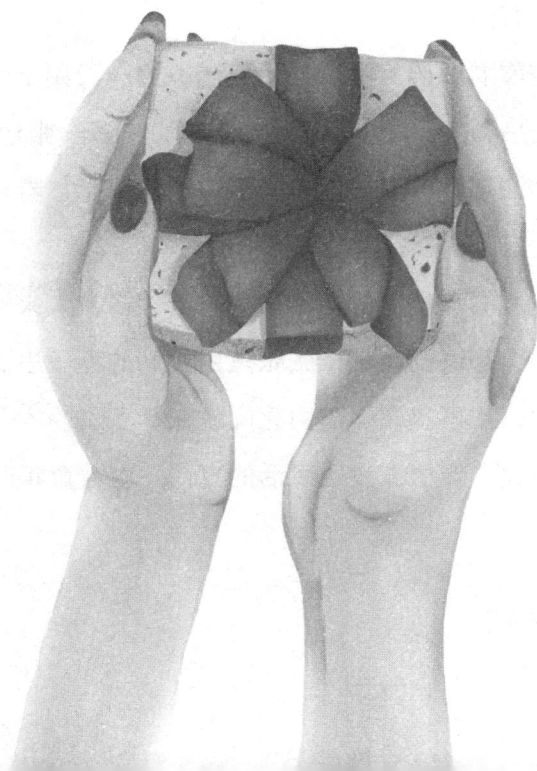

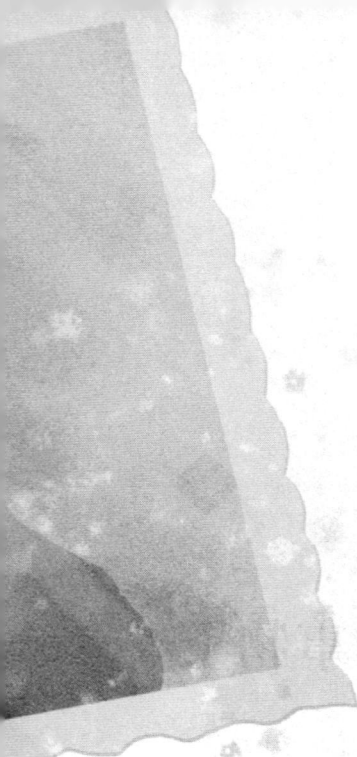

整理老照片，发现岁月静好

如果说日记是一种文字的记忆，用语言描绘曾经的你，那么，照片便是一种影像的记忆，用最直观的视觉冲击刻画你成长的痕迹。

抽空看看旧照片吧。告诉自己，这一天属于回忆。按照时间的先后顺序，按年岁的由小变大，一张一张地重新欣赏。翻看这些旧照片，会让你有光阴似箭的感觉，看着相册里不同年纪的自己，心态也会迥然不同。

首先看看孩提时候的影像。对于大多数人来说，那些照片，基本上都镶嵌在了一张张黑白相间的框子里。看着这些黑白照片，往事也在黑与白之间跳跃，多长的岁月才会步入成熟，多少个春秋才参透生活的真谛。看着童年时候的可爱模样，是不是也忆起了儿时的快乐和纯真？那就尽情地回味一番吧。然后，再翻看我们的少年时代、青年时代……

这些旧照片中，也许还有你和其他人的合影，是不是每个阶段合影的人都不尽相同？温习一遍自己曾做过的鬼脸，回顾一下旧照片上父母年轻的面孔。父母见证了我们的成长，我们却在一天天地见证父母的老去，时光飞逝，这也许就是我们成长必须付出的代价，这也是为什么我们有怀旧的必要——也许是为了让时间放慢一点，让父母永远留住容颜……

一张张旧照片，或黑白或彩色，记录了一个个曾经或开心或愁苦的自己，把不同的时光和人物定格在了瞬间。想想多年来的经历是千千万，明白忘记的事情是万万千，幸亏现世安稳，岁月静好。

把树叶做成书签

不要每天都千篇一律地做着同样的事，那样你会觉得生活乏味又无趣，这样周而复始，渐渐地你就会迷失自己最初的方向，甚至会有一种厌烦的情绪。不如做一些新奇好玩的事，给生活制造一点新鲜的元素，让我们每天都能精神焕发。

曾几何时，回忆起秋天，还像儿时那般快乐，我们会捡许多从树上飘落下来的树叶，什么样形状和颜色的都有，然后贴在一个自己最喜欢的本子上做纪念，又或者干脆风干了这些树叶，然后用它来做书签，别致又浪漫。秋天快到了，是否能让你回忆起那年、那人、那景呢？

秋天的叶子五颜六色，特别美，而且树叶已经开始慢慢飘落，选择完好无缺且表面平整的落叶，一片一片认真地捡起来，放在事先准备好的塑料袋里。

回到家后，把它们放在水盆里，清洗一下，再拿出来用卫生纸擦干。然后，在每片叶子两面垫上几层厚厚的卫生纸，用书压上。过一两天，再换上干燥的卫生纸，等叶子完全干了，再拿出来。

用彩色荧光笔在叶子上画上一些能激励自己的图案，或写上励志类的格言或诗词，最后在叶柄上系上一根彩线，这样，一枚叶片书签就制作成功了。我们可以用不同的树叶制作出各种不同的漂亮书签，把它们当作礼物送给朋友。

　　偶尔回忆一下童年，并做一做儿时的事情，是不是很开心？其实不管时光怎么飞逝，我们都应该保留一份"追忆似水年华"的心境。

半夜听雨落的声音

雨天时，你可曾静静地躺在床上，去仔细聆听落地窗外的雨声？很少吧？很少会有人仔细聆听大自然带给我们的"交响曲"——那细碎地打在窗子上，敲击出不同音节的雨。

如果这时你闭上双眼，只是倾听雨落的声音，你会发现它落在窗上虽然有些漫不经心，却会发出阵阵类似欢乐或悲伤的声响。伴随这样如风铃般自然的声响，你是否会自然而然地把自己彻底放松下来，想想过去开心或伤感的日夜？

我们还能有多少个这样惬意的时刻呢？就是这样，放下手头的工作，忘掉白天发生的琐碎小事，关掉台灯，躺在你的小房间，慢慢闭上双眼，让自己在幽暗之中，静静地听落地雨声。伴随雨声，回忆那些发生在雨天的故事。

其实，生活不需要跌宕起伏的旋律，也不需惊天动地的波涛，我们只需安静下来，坦然接受这突如其来的雨天，然后放松下来，静静地躺在床上，去听窗外的雨声，就很美好。

观察一朵花开

    生活节奏的加快，让人们忽略了很多身边的风景。或许不经意间，我们就发现河水解冻了，路边迎春花的枝丫上又绽放了新的黄色。渐渐地，满世界的花，瞬间

开出五彩的颜色来。过了秋天，一切便又似乎突然消逝了，不留一点痕迹。那之前的生气勃勃就被渐渐淡忘了。

从打苞到绽放，每一次花儿都要付出巨大的努力，最终方可展现绚烂的色彩。日照之下忍受炎热，暴雨之中忍受击打，在一切恶劣的环境之中顽强挺立，这怎不令人敬畏呢？短短几十天的生长，似乎就为了那么一瞬间的绽放。绽放的瞬间何等绚烂，绽放的过程何等短暂，仔细观察一朵花开的过程，足以让我们思考、感慨生命的奇妙。

观察一朵春天开的花，看看寒冬过后，它是如何看着融冰，听着暖风的声音，一点一点，挣脱出冬的冰封；找一朵冬天开的花，看看在漫天大雪中，它是如何和着呼啸的风声，伴着惨白的大地，一日一日，开出雪地里最鲜艳的颜色。当然，你也可以熬上一夜，看看"昙花一现"的情状，听听那短暂生命的声音。越是短暂的生命，越是将无尽芳华留予那绽放的一瞬间。你是否一直对这样一种生命力抱有强烈的好奇和崇敬，也对那短暂的生命喟叹不已？想必，那绽放的过程，动人心魄吧。

　　你也可以买上一盆花，摆在阳台上，每天起床时蹲在它面前仔细观察，看着它从花苞渐渐盛开，最后凋谢。然后在日历上圈上日期，等第二个花期到来的时候再看它绽放。

　　观察一朵花开的过程，发觉生命看似轻飘不定，转瞬即逝，实则一切力量，皆汇聚在绽开那一瞬。发现了生命的奥秘，你是不是有一种不一样的感觉？

每天阅读半小时

大家总是说自己工作很忙，生活节奏太快，没有时间和心情来好好读书。可是，我们却有很多时间去酒吧、去逛街、去打游戏。看来，说自己没有时间只是一个借口，真正的原因也许是现在的我们越来越浮躁，沉不下心来读书。实际上，在这个浮躁的时代，需要用阅读来涤荡我们心灵的尘埃，用别人的智慧为自己的前程点一盏明灯。

书籍带给人精神上的愉悦是任何物质上的享受都无法比拟和取代的。我们每天只需要拿出短短半个小时的时间来读一点书，就可能获得极大的精神享受。这个时候，你可以泡一杯香茗或者煮一杯咖啡，放上一段悠扬的音乐，暂时远离现实生活中的纷纷扰扰，将自己沉浸在文字构筑的世界里，充分享受阅读的乐趣。

读唐诗宋词，你将感受到迁客骚人们浪漫脱俗的文人情怀；读名人传记，你可以了解他们的生平和成功的秘密；读世界名著，你会见识到不同国家、不同年代的人生百态；读旅行游记，你将领略到世界各地的风土人情和文化底蕴。书籍，会不断为你打开一片又一片新的人生天地。

不要小看这短短的半个小时。日积月累，你读的书就会越来越多，获得的知识也会越来越丰富，这样的人生将会是无比充实、无比有意义的。

　　很少见到一个精神生活很丰富的人在那里自怨自艾，而百无聊赖的人，大多是心里惶惶无所事事者。这时候，用书籍来赶走寂寞空虚吧，有了书籍源源不断的滋养，就如同花朵有了阳光和肥料的培育，人的精神不但不会感到空虚，反而会绽放出美丽、灿烂的思想之花。所以，你只需要每天拿出半个小时的时间，来参与以书为载体的人类智慧的交流，你的思想就会变得越来越充实，你就能越来越感到生活的美好。

　　从现在开始，让自己每天都阅读，享受读书的乐趣，享受生活。

看着手里的风筝越飞越高

天空中飘着个风筝，

望着那放风筝的人。

它就在风中静静地飘，

他让它飞得越来越高。

孩子在不时地提问，

父亲是他崇拜的人。

他的小手在轻轻地摇，

他的嘴角还挂着微笑。

啊风筝风筝飞吧！

蓝天里有我们一丝的牵挂。

啊风筝风筝飞吧！

离开我们可爱的家。

啊风筝风筝飞吧！

带着我们的青春年华。

啊风筝风筝飞吧！

让我们快快地长大。

………

——石开《风筝，飞吧》

儿时的我们会在春天约上三五个伙伴，一起到湖边放风筝，长大后又一次路过这个湖边，心里会不会感慨万千呢？偶尔看到湖边也有几个小朋友像你们当年那样，开心地玩耍，追逐着自己放起来的风筝，那么无所顾忌，你的心里会不会有些许感触呢？当时我们看着自己手里的风筝越飞越高，我们拍手，我们欢呼，你还记得那种兴奋吗？

这一天，只是做一个看客

这一天，自己一个人走出家门，走在熟悉的街道上，什么都不要参与，只是做一个看客。如果是晴空万里，你正好可以晒晒快要发霉的心情。一边悠然地拂过街道两旁那些年久日深、岁月斑驳的旧墙，一边把记忆拿出来翻晒翻晒，该忘记的就让它随风而逝，只记得应该记得的就好。

如果这一天有些阴雨绵绵，你也恰好可以体会一次雨中小巷的情致。你可以想象自己撑着的是一把油纸伞，可以期待一次浪漫的邂逅，可以自己创造着只可意会不可言传的诗情画意。雨没有打在身上，却飘进了心里，滋养了有些干涸的心田。其实，这一天的天气晴朗也好，下雨也罢，都无关紧要，天气本没有什么好坏之分，关键在于你的心情。人的心情才是对生命最有意义的天气预报。开心也是一天，不开心也是一天，那为什么不让自己开开心心地度过弥足珍贵的每一天呢？

　　走在熟悉的街道上，请认真观察周围所有的一切，并且保持沉默，细细去品味那种悠然自得的心情。生活在这里的人们是你所熟悉的，你清楚地知道，他们懂得如何享受生活。他们的步子是从从容容的，他们的表情是坦然满足的。

　　早上起来，哼着小曲养养花种种草；黄昏时分，和朋友相约，或和爱人相伴，或干脆只身一人，在公园散散步，遛遛鸟儿。小孩子们则三个五个地你追我打，疯疯闹闹。热闹的仲夏夜，摇着把用旧了的蒲扇，坐在院子里的树下，心满意足地啃着西瓜纳凉；秋冬时节，一家人吃着热气腾腾的饭菜，围炉夜话。作为一个看客，请不要打扰这些画面，如果要感慨要艳羡，只在心里默默地做这些就好。

　　不要小瞧这些柴米油盐的幸福，它们才会一步一个脚印地为你的生命留下最持久的美好，也只有它们才经得住漫漫岁月的无情侵蚀。愿岁月，一世静好……

给未来的孩子写一封信

你的人生中，终会有那么一个人，让你为了他的到来而欣喜、而激动，听着他响亮的像是在宣告自己来到世上的第一声啼哭，你的眼里一定充满着无限关爱与柔情；你心疼他的第一次跌倒，可是心里清楚地知道，疼痛是学会依靠自己的力量行走、奔跑而必须付出的代价；你永远记得他的第一声"爸爸"或者"妈妈"，他好似天使的眼睛望着你有些湿润的眼眸，是如此动人。

他长大后，你会望着他第一次独自一人上学的背影，你知道他自己的路一定要他自己走，但你总是会在他的背后默默注视着。你惊讶地发现，从这个小人儿出现的第一刻开始，你的生活就被他占满，你的眼泪就为他情不自禁地流淌，你的整颗心都已经离开自己，飞到了他的身上。因为你是那么爱他，因为他是你的期望！

挑一个夜深人静的晚上，或者午睡后阳光明媚的下午，给你未来的孩子写一封信吧，告诉他你想要对他说的话。

你要告诉孩子的是你对他的期望，还有你成长的经历，比如你曾做过什么错误的决定，希望他了解你的过去，不至于将来犯同样的错误。你要教导孩子如果将来谈了恋爱，要认真对待彼此，但是如若有一天，感情已不再像从前那样，就洒脱一点放开手，要坦然接受和面对……

写下来之后，你才发现，原来你可以告诉他的东西有很多。

可能不知不觉中，你已经给未来的孩子写了好多封信，那你想让他什么时候收到？是在他为人父母的时候，还是你不得不割舍下对他的爱永远离开的时候？现在开始流行所谓的"慢递"了，你可以把信存在慢递公司，让他们在指定的时间把信送到你孩子手里。可以是几个星期以后，也可以是几年、十几年甚至几十年以后，或者就定在孩子 18 岁时，算是给他的成人礼平添些许诗意，让孩子知道你此时此刻的心情。告诉孩子你有多么爱他，从多少年的那一天开始直到今天。告诉他你此刻的心情是多么美好，你迫不及待地想要让他知道。所以，快点拿起笔吧！

听到汤锅里"咕嘟咕嘟"的声音

难得的假期清晨，赖在被窝里不想起床，闭着眼睛感受阳光透过玻璃窗洒在脸上。咦？好像有什么声音！睁开双眼侧耳细听……"咕嘟咕嘟"——是汤锅里的汤烧开的声响。一股若有似无的肉香一阵阵飘过来，是排骨汤！

你重新闭上眼睛，想象自己回到了小时候，那时小小的你也是赖在床上，等着妈妈把厨房里炖的排骨汤端上来，汤锅"咕嘟咕嘟"的声音就是这样，微弱的香味也是这样。

啊，又能喝到儿时认为世上最美味的东西了，真好！

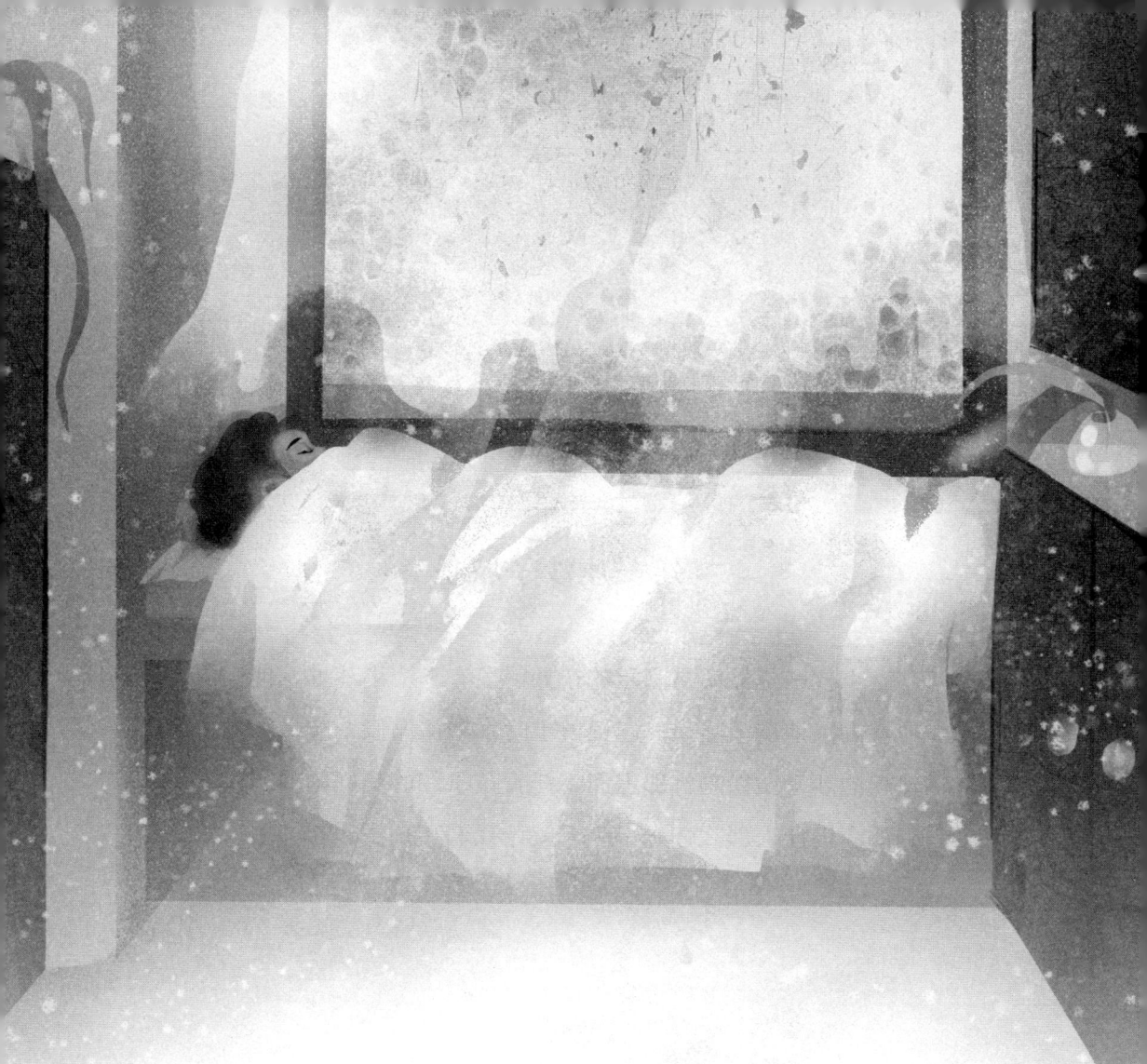

再睡一会儿

　　迷迷糊糊一觉醒来，发现天已经大亮。怎么没听到闹钟响呢？要知道，今天可是要按时起床的。打开手机看时间，原来还差半个小时呢，刚好可以再睡一会儿。什么都不管了，翻个身继续睡吧！

建一座沙子城堡

　　小孩子是最容易满足的，即使只有一个小沙堆，他们也能够高兴地玩上半天。还记得小时候和伙伴们一起在沙滩上建起的沙子城堡吗？那上面寄托着孩子们的美好的梦想，直到如今仍让人那么怀念。今天就让我们和孩子一起，用铲子

和手再堆一座沙子城堡吧。别感觉难为情，当人们见到了你那令人惊叹的作品之后，他们的笑容会让你觉得仿佛回到了童年。

湿的沙子比较好处理。将沙和水在桶里混合均匀，桶满时，将它倒扣，轻轻拍打桶底四周，以出现一个完整的沙堆形状。先用带来的小铲子将湿湿的沙子拍平，撒上一层干沙，再用小铲子一下一下地挖出房顶等形状，筑上城垛。建构好城堡的基本框架后，就可以用各种工具进行雕刻了。刻上窗户、门、楼梯、滴水嘴和石制品，用贝壳、海草、木头或塑料装点城堡。用双手把弄湿的沙子砌成四个长方体，把它们首尾相连围在城堡周围，填一些沙子把连接处的空隙堵住，掏一个小洞做城门，城墙就砌好了。四角可以插上一些树枝充当旗子。最后，在你的城堡四周挖一条护城河，灌上水。

沙子柔软的触感，被晒得暖暖的温度，阳光下闪耀的沙子城堡，都带着记忆里童年的味道。为孩子准备好玩沙子的工具，和他们一起开心地玩吧。

尽情玩雪

当雪花大朵大朵地砸下来时，你的童心再次萌发，整个人早已经在屋里坐不住了吧？那就把自个儿包裹得暖暖的，走出房门，尽情享受冰雪带来的乐趣吧。

一个人堆雪人没意思，人多才热闹。趁着雪下得够大，气温够低，呼朋引伴共堆雪人。看着雪人在自己的手下慢慢成形，成就感油然而生。尽管寒风吹得脸颊发红，冰冷穿透手套刺激着双手，但是每个人脸上堆满了笑容，笑声里没有了一丝压力和烦恼。

我们有多久没有像这样尽情、尽兴地玩耍了？似乎成年之后，这种快乐就离我们而去。现在，让心底仍保留着童心的人，享受白雪的柔软与飘逸、品味雪天的清新与芳香，重拾小时候的游戏，重新回到快乐、单纯的童真年代吧！

看着滑落的光线发呆

傍晚，坐在山上，或在楼顶，这个时候，太阳的光线已经不那么刺眼。如果远处有河，看着夕阳淡淡的光洒在河面上。看着微风吹过，河面上泛起的层层细浪，河水浮光跃金，许许多多的光点似颗颗神奇的星星，在波光粼粼的河面上调皮地蹦跳着、玩耍着。看着夕阳柔和的光照在路边的树上，使它们的叶子显得更加翠绿，闪烁着迷人的光泽。

落日的余晖不经意间，肃然地、慢慢地、悄无声息地褪去，烟色的黄，由亮变暗、由深变浅、由浅变淡。慢慢地，黑暗就会泛上来，眼前的景色悄悄地藏在黑暗里了。一切都不见了，时间也好像停止不动了。

静静地坐在这片安静祥和里，你会感觉到一切烦恼都消失得无影无踪了。

看一场烟花表演

每逢大的节日或者谁家有喜事的时候，人们都会放一些喜庆的烟花。看那满天绽放的烟花，有着不同的形状，还有各种不同的图案，心中觉得惊讶，那就欢叫出来吧，让夜色感受你对生活的惊叹！

再看，有的烟火就像喷泉一样，有时是成束的，有时成片的，有时就像一大群彩色小精灵在空中飞舞。人们真恨不得自己多长几只眼睛，把这所有的美丽都尽收眼底。有时一次会放好多烟花，待到它们一起绽放，金灿灿的光芒照亮整片天空，仿佛光芒从天堂一直散落到人间一般。那些烟火，一团一团，一朵一朵，哗啦哗啦，像调皮的顽童任性泼洒的色彩，布满整个天空，映红了人们的脸庞，是那样美丽动人！

　　还有那种单支的烟花，燃放的时候感觉很过瘾。每点燃一支，就有一声哨音响起，随后烟花在幽蓝的夜幕上绽开五彩的花瓣。亮丽的花朵，空灵的绝美，仿佛能在其中遥望到远去的童年，还有一幕幕曾经经历的幸福与欢乐。

　　很多人都喜欢烟花的美，喜欢它绽放时的热烈奔放，喜欢它绽放时的绮丽多姿，还喜欢它稍纵即逝的妩媚姿态。听着此起彼伏的烟花燃放声，抬头仰望烟花灿烂，会有一种超越时空的感受浸满思绪。

　　去看一场烟花表演吧，仰望星空，尽情欣赏，可以大声欢呼，仿佛今天是你大喜临门的日子，让满天的烟火赋予你喜庆的气氛和雀跃的心情，点缀你单调平凡的生活。

在阳台上闻到花草的芬芳

清晨，我们在鸟动虫鸣的谐奏曲中醒来，走到窗前，拉开窗帘，让早上温柔暖和的阳光洒满整个卧室。如果这时我们沐浴着阳光踱步到阳台上，能够看到自己亲手栽种的花花草草，闻到那沁人心脾的芬芳，这样的生活岂不是幸福安宁得如同天堂？

我们都不想错过生命中的美好，太迟或者太早，都会错过"花开"的季节。那么就在阳台上仔细呵护内心的美好吧，把幸福留在自己身旁。

走过去，嗅一嗅那绽放的花朵或者舒展的叶片，就当是对它们的亲吻。花草都是有灵性的，你的爱，它们感受得到。而它们将要回报给你的是满室的芬芳。那些香，是可以宁神的。正如书中说的那样："或许香的宁神，正如同幽幽钟鼓之于耳，一沁佳茗之于口，一轮初日之于目，由于它是如此丰富却又邈远，占据了我的嗅觉，吸引了原先容易旁骛的注意力，所以能够带来宁静。"当我们全心全意爱着某个人、某件物的时候，心会突然变得踏实、安宁，因为我们所有的心思都在他的身上。这时心就有了着落，神自然宁了。

花的香气有很多种。如晚香玉、姜花、昙花和铃兰，这类香，都是冷香。玫瑰、玉兰、含笑之类的，是暖香。不要以为只有盛开的花才有这怡人怡情的香味，那绿油油的细草也有着属于草的轻柔幽香——细草香闲。细草的香，带着淡淡的慵懒，是与世无争的云淡风轻，你去细细体味，可不正是"香闲"吗？就让这花的芬芳、草的香闲给我们的心灵来一次沐浴，留下来自自然、源于内心的芳香。

在阳台上栽花种草，美的不只是自己的屋子，还有每天起床后的心情。穿着宽松舒适的睡衣，握着昨夜刚做过的那个关于幸福的美梦，就这样让自己在花草的陪伴下静静地坐着，感受岁月的美好。

躺在浴缸里

结束一天辛苦的工作后回到家里。温热的水慢慢地注满浴缸，现在你终于可以卸下所有的束缚与伪装，冲破白天所有的防备，想哭，就大声哭出来，想休息，就安安心心地躺在浴缸里闭目养神。

泡澡时，你不妨放上自己喜欢的音乐，可以是轻柔典雅的古典音乐，也可以是风格鲜明、始终坚持自我的爵士，这些美丽的乐声可以帮助你解开心灵的枷锁，使大脑和心情得

到放松。

就这么慵慵懒懒地躺在浴缸里，水的温度刚刚好，不冷也不烫，正如你此刻开始变得平和放松的心情。浴缸里那些丰富的泡沫在灯光的照耀下，是否有着雨过天晴后彩虹的色彩？你可以捧起它们，就像小时候玩吹泡泡一样，把所有的烦恼都吹破、吹散、吹得消失掉。

就这样躺在浴缸里，静静地感受着所有的疲惫与压力从每一个舒张的毛孔中慢慢排出体外。心情是不是不知不觉轻松了许多？等你再一次睁开双眼时，看到的也许就是一张源自心底微笑的脸。

是的，在这片魔幻的水蒸气中，你极致放松。就让轻松的感觉一直陪伴着你，多么美好！

学习手工创意

俗话说，心灵才能手巧。锻炼手指的灵活性，其实也是在锻炼我们的大脑。

静下心来去学习一种手工创意，学做一些新奇的东西，让你忙碌的心真正地平静下来。也许，这才是我们所需要的吧。

你可以把自己的作品展示在家里的任意一个地方，它们都能彰显你对生活的热爱。你可以随意地制作很多奇形怪状的东西，不要去理会这些东西到底代表了什么意义，可能你在制作的过程中并没有什么特别的想法，只是单纯想把它们做出来，所以不要背叛自己内心最真实的意思，不要想着做完了要给些什么人看，这就是你要做给自己的。它们就像你的心路历程，只属于自己，温暖而贴心，只要你自己懂，就足够。

当你因日复一日的生活感到枯燥乏味时，当你感到郁闷压抑而无处可逃时，不妨学做些奇奇怪怪的东西，打发一点时间，增加一些生活的情趣，让日子不再索然无味地继续下去。

跑步，听风在唱歌

跑步既能锻炼身体也能锻炼心智，跑步过程中，你可以通过各种改变来产生新鲜感。改变场地，改变速度，改变音乐，改变服装……万物皆变而跑步不变。在跑步中，你将体会到这个世界的多姿多彩，也将在运动中成为更好的自己。

一个平常而昏昏欲睡的早晨，站在跑了无数次的400米跑道上，风吹过头发的感觉，仿佛整个人都要飞起来。柔和的晨光下，自己的影子修长而飘逸。在路上，不再孤独。享受微风拂面的时刻，也是享受跑步的时刻。

当耳边响起风的欢快旋律时，忽然觉得整个世界都不一样了。世界变得鲜活，周围的一切都散发出美好的光芒，充满了期待。整个人都充满了能量，你的脚指头蠢蠢欲动，你甚至按捺不住自己马上要奔跑的心。

听着风声跑步，眼前的一切都像一个梦境。空荡的马路在日出的变幻下生出了迷人的色彩，开阔的天空就像一幅巨大的画布，有一只无形的大手正在上面作出不同的画……

　　不管跑步前的心情如何，在奔跑的时候，因为那份律动，因为云淡风轻，你都会变得身心愉悦，充满激情，充满幻想。你会一直奔跑，仿佛咫尺之间，你就能追上心中的梦。

亲手做出创意咖啡

巴尔扎克说:"我不在家,就在咖啡馆,我不在咖啡馆,就在前往咖啡馆的路上。"咖啡,常常令人想起浪漫、温暖,也带给人心情的愉悦与美味的享受。明媚的清晨,或是忙中偷闲的间休,或是寂静的夜晚,在悠扬的音乐中,轻轻搅动精致的勺子,细细品尝一杯浓香的咖啡,那醇香浓郁,那浪漫优雅,足以包容、迷醉我们的心,为我们的生活增添无穷趣味。

咖啡丰富了我们的生活,这种荡着奶香、甘甜与苦涩的液体,让紧张工作和生活着的人们找到了一种适合的方式释放郁闷、汲取温暖。喝咖啡，正成为越来越多追求自由、讲究品位的职场人的休闲方式。

喝咖啡是一种简单的生活方式，从满街的连锁咖啡店和个性咖啡馆可以看出，越来越多的人把它看成生活的一部分。由于咖啡有促进能量消耗和脂肪分解的作用，它的减肥效果也渐渐被人们关注。然而，速溶咖啡已经无法满足人们的要求，花式咖啡便迅速弥补了这个空缺，深入到饮食文化中，成为人们休闲时光里的好伴侣。创意咖啡不仅仅是一杯美味的花式咖啡，更是一件漂亮的艺术品。对于喜爱咖啡的人来说，创意咖啡是更高层次的味觉、视觉享受，是一种别具一格的咖啡艺术。

如果不去咖啡馆，自己在家也能做出一杯创意十足的花式咖啡，也一定是成就感十足吧。那就试试看吧。

最妙的就是放假呀

　　终于等来了放假，能够真正放松下来享受自然醒来后的阳光了。仔细算一算，你是不是也有很久都没有从事自己喜欢做的事情了，比如你一直钟情的画画、摄影或者很多其他的爱好？在繁重的工作和巨大的精神压力之下，你是不是一直紧绷着神经，就连身体也是僵硬的呢？最近你感受到过真正发自内心的开怀和踏实吗？

是的，我们一直在逼迫自己坚持。坚持是好的，可是，适度的放松会让我们在接下来的工作生活中，把事情处理得更好。就像弹簧的一张一弛，于张弛有度之中始终保持着自己心灵的弹性和韧劲。在被生活压得喘不过气来而沮丧失落的时候，好好珍惜这难得的假期吧，善待自己，让疲惫的身心得到放松和抚慰。

让假期中的时间完完全全属于自己，远离那些不愿意看见、不愿意应付的人和事。这是可以和自己的灵魂独处的时刻，也可以是和最爱的家人朋友分享的好时光。你可以一个人出去旅游，在一片因陌生而充满探索乐趣的天空里，放飞自己的心灵。或者就只是宅在家里，慵懒地躺在床上，欣赏着不断在墙上变幻着的光影。或者捧一本心爱的书，在音乐的伴奏下细细体味着字句里的丝丝真情。或者去厨房做饭，充分发挥自己的想象，让锅碗瓢盆在你的手里具备神奇的力量，变出一桌子的美味佳肴。

抑或者，和亲近的人待在一起，就算是随便坐在一起漫无目的地谈天说地，也会让你备感轻松和踏实。家里那温暖熟悉的味道是对你挣扎着的灵魂最好的镇静剂，朋友和所爱之人的陪伴也能给你一个坚强的可以倚靠的臂膀。这些人永远愿意分享你的快乐，分担你的忧愁，支持着你放心地往前走。

所以，在难得的一次假期中，是要独处还是要热闹，都由你自己决定，因为这是你的假期。但切记一点，那就是要

善待自己，以能让自己快乐的方式度过这段难忘的时光。你可以放肆地笑，也可以大声地哭，不需要再故作坚强。用自己最喜欢、最放松的方式重新获得曾经的踏实、自信和安宁，然后再充满动力、大步流星地迈向明天。

和喜欢的一切在一起

跟爱着的人说"我爱你"

这世上有三个字曾令无数人心潮澎湃，热泪盈眶，在这三个字面前，任何其他的话语仿佛都成为一种累赘。这有着神奇魔力的三个字，便是："我爱你！"相爱时没有及时表达自己的爱意，相信很多人都曾为此追悔过。

经过岁月的洗礼，时光匆匆而过时，爱情的浪漫悄然在生活中渐渐退去，换来的是相知相守的平淡。这时候，你可能觉得已经没有必要再说出"我爱你"，也许你太过忙碌，忘了说出"我爱你"，也许你觉得用行动来表达爱意会更具体，更有意义。

但是，你可知道，"我爱你"这三个字是经久不衰的示爱箴言，没有人不喜欢听到它。在听到喜欢的人说出口的一瞬间，不管你如何回应，那一刻你都是幸福的。而对于表达的人而言，能跟相爱的人说出"我爱你"，何尝不是一种幸福？

清晨，睁开双眼，对着睡眼惺忪的爱人轻声说"我爱你"，相信他（她）一定会瞬间精神百倍，保持一整天的好心情。出门之前，给对方一个大大的拥抱，同时说出"我爱你"，你一定会看到对方眼中的惊喜和兴奋，你也会因此快乐一整天。工作期间，趁闲暇，给爱人发一条信息，告诉他"我爱你"，相信对方看到后一定会莞尔一笑，倍感幸福。下班回家后，跟相爱的人说声"我爱你"，一天的疲惫都会因为这句话的到来而去影无踪……其实，这并不难，只是三个字而已，却可以让两人的生活发生很大的变化。

　　这个问题还需要思考吗？仅仅是三个字而已。现在就开始：认真地、深情款款地，跟爱着的人说"我爱你"。

和心爱的人一起做烛光晚餐

　　对于相爱的人来说，在一起的每一天都是值得庆祝的。很多情侣都会选择去西餐厅度过纪念日，朦胧的烛光下，响起悠扬的乐曲，两人优雅地用着西餐。在如此轻松愉快的氛围下，人往往会打开心扉，愉快而畅快地聊天，不时说几句甜言蜜语，营造出浪漫的气氛。

　　相爱的两个人在一起，做什么都会是幸福和甜蜜的。只要心情和情调不变，烛光晚餐一样可以在家里进行。两个人一起做一顿烛光晚餐，然后享受共同的劳动成果，这是一件多么甜蜜的事，它会给你们的回忆增添不少温馨的画面。

　　其实在家做西餐，也不似我们想象中的复杂。两人可以各自拿出自己的绝活，为对方做自己最拿手的菜，即使手艺不太好也无所谓，每个人都会对自己和爱人的劳动成果格外珍惜和偏爱。如果你们有兴趣，可以尝试着做一些从没试过的新菜，甚至可以自创菜肴。不要担心不成功，尝试本身就是一种快乐，更何况有两人的合作和努力，一起尝试一种新东西，然后一起享受，是特别浪漫和新奇的事。

　　也许有一个人从未下过厨，那么打打下手也可以，或者在旁边静静地看着爱人忙碌的样子，也是一种幸福。

在你们忙碌半天之后，终于可以安静地坐下品一杯甘醇的红酒，在烛光的映衬下，两人四目相对，"烛光晚餐，像一场美梦，想这样望着你到永久"，一切都那么恰到好处，一切都那么值得纪念。

不担心一杯红酒把我的真心透露

或许你早就该懂

冰激淋在喉咙

能多冷静几秒钟

气氛再浪漫都不够

烛光晚餐，像一场美梦

想这样望着你到永久

——曹格《烛光晚餐》

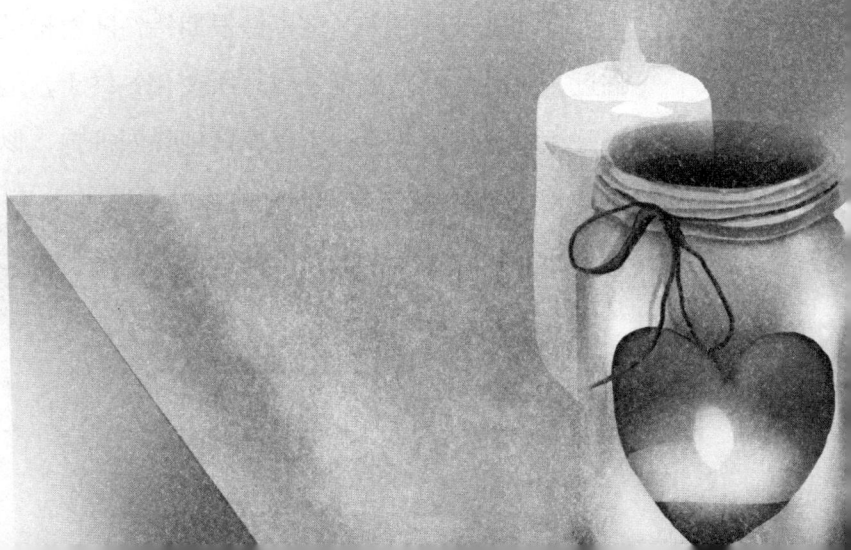

有朋友从远方来

有朋友从远方来，是不是很期待？随着相见时间的慢慢临近，心跳的频率是不是也有所变化？终于，他出现了，不管是激动地握紧双手，还是深情地热烈拥抱，似乎都不足以表达自己的欣喜之情。你们有多少话要说，有多少旧要叙啊！你看我胖了吗？你好像瘦了很多，在那边吃得好不好？

气候还适应吗？一句句关切的话语止不住地往外流淌。

　　什么"海内存知己，天涯若比邻"，什么"桃花潭水深千尺，不及汪伦送我情"，什么"劝君更尽一杯酒，西出阳关无故人"，什么"但愿人长久，千里共婵娟"……文人墨客们为此书写的动人篇章，都在此时变得黯然失色……

　　真正的好朋友，即使很久都没有联系，一旦再次见面，还是能像以前一样，默契一下子又回来了。长时间的分离只是让这份感情得到了发酵，令其变得更加醇厚。

和爱人回到校园

爱上什么人，不爱什么人，也许不全是偶然，在你成长的过程中，或许早已经初见端倪。等到天时、地利、人和都凑齐了的时候，那个对的人才会正好出现。等了那么久，是不是有好多积攒了很久的话是只对那一个人说的？攒的话那么多，其实就是让对方从你的过去读懂今时今日的你，补上他在你生命中那段缺席的时光。

在向爱人诉说往事时，不妨带他到你曾经读书的地方。从幼儿园、小学、中学到大学，校园无疑是承载了我们青春记忆最多的地方。那里的每一个春天、每一个雨季，都有着令自己难以忘怀的陈年旧事。带爱人回去那里，和他分享自己的青春，成长的故事就像放电影一样在你绘声绘色的描述中，缓缓流淌。恍惚间，竟然觉得你们是从小一起长大的青梅竹马。

当年的幼儿园还在，你还依稀记得当时老师教过的童谣，轻轻地哼出一两句，恰好你的爱人也记得这首童谣，并陪你一起哼唱整首曲子。多么美妙！你列举出当时件件心爱的玩具，如数家珍，直到现在它们还能勾起你对童年生活的无限回忆。

告诉他你小学时的所有糗事。也许，你还能找到当年坐过的书桌，上面那条用小刀划出的"三八线"已被磨得快没了痕迹。你带着爱人到校门口的那家雪糕店，发现当年放学后一路吃回家的娃娃脸雪糕居然还在卖。你们俩都像发现埋藏了多年的宝贝似的，开心地坐在学校门口的台阶上，一口气吃了好几支。

告诉他你为中考和高考做过的每一次拼搏，哪次考试考得特别好，哪次又特别差，以至于到现在都还记忆犹新。多少成功与失败交织，又有多少泪水与付出混杂，才成就了今天的你，他一定会更懂你。

也许你毕业后工作好多年了，斗转星移之后早已物是人非。可是这又何妨，你同样可以告诉爱人那些关于青春的故事。重要的不是你们重回故地，而是你们打开心扉，分享着彼此青春里的真实。

穿上情侣装去轧马路

于茫茫人海之中找到了只属于自己的那个他（她），你是不是按捺不住想告诉全世界你恋爱了？可是大张旗鼓地满世界嚷嚷又好像不妥，那么，穿上情侣装吧，这是无声胜有声的最好方式。你们牵着手在马路上，或出现在亲朋面前，两人之间似有若无地洋溢着青春和甜蜜的气息，能够轻易感染到周围的人，大家对此都会心一笑，感叹年轻真好。就连路人都忍不住回头，对你们的甜蜜行以注目礼。

这一刻，周围的一切好像都静止了，就好像剧院里舞台剧的开演，随着灯光的渐次熄灭，人声鼎沸、车水马龙都隐入幕后，而真正的主角——你们，登上了彼此生命的舞台。

参加婚礼，见证美丽的爱情

因为爱开始，因为责任而坚持。也许，举办婚礼是爱情最好的结局。在婚礼上，每一份爱都绘上了独一无二的印记。任时光风流云转，爱依然在你我心间。

不管你是单身还是已婚，不管心境如何，参加一次婚礼，见证一次别人的爱情，或许会改变自己的人生态度，以及对爱情、对眼前的人或者对未来的憧憬。

婚礼的形式是多样的，也许是在庄严的教堂，在牧师的主持下，彼此在坚定的眼神中互相说出那句"我愿意"的诺言；也许是在海边，在亲朋好友的见证下，两人在温柔的海风中完成一个拥吻；抑或在乡下，只是一场简约的婚礼，朴实的当地人或偶然到此旅行的陌生人为新人献上最简约纯真的祝福，不需要盛大的排场，不需要华丽的服装，新娘素面朝天，新郎腼腆地牵着她的手，就这样直到天荒地老。

　　不管是哪种形式，婚礼，都是烙印于每一对新人生命中最美好的幸福印记，婚礼的形式可以是浪漫或者简单的。去掉这些形式后，最核心的依然是爱。

　　所以，不管你身在何处，带着美丽的心情见证别人的爱情，去理解婚礼的意义，体会其间饱含着的爱的宣言与承诺。新人宣告携手走入婚姻殿堂，承诺在今后的日子里共担风雨，至死不渝。

　　你认真聆听，像听故事一样听完新人们的爱情宣言，不管它是承诺，还是言谢，或者是对未来的憧憬；你用心感受，重新感悟爱的意义，回味爱情悠长的滋味；你总会被那"只有一个人还爱你虔诚的灵魂，爱你苍老的脸上的皱纹"所感动，也会为见证"执子之手，与子偕老"的开始而感到欣喜……

用录像表达说不出的爱

很多的时候，子女享受父母创造的条件，跟从父母的脚步，躲在父母的羽翼下慢慢成长，走上自己的人生之路，虽然理解父母的苦累，感激他们的付出，却羞于表达。日复一日，年复一年，曾经是他们牵着我们让我们慢慢学会走路，后来是他们需要我们搀扶了；曾经是他们教我们做人的道理，后来他们需要我们给他们讲这世界上的新东西。我们这才醒悟，在他们想听我们表达心意时，我们却浪费了太多的时间。

所以找一个机会，好好把这些年来的感激、心疼、不忍、歉疚，还有累积那样久的爱，都说出口吧。的确，不论你说，还是不说，他们都知道你的心，但是，哪个父母不想听儿女亲口说说真心话呢？也许我们叛逆，我们固执、倔强，总觉得这些肉麻的话说不出口，也许我们不愿意面对闪着泪花的眼睛，也许我们害怕在说出口的一刹那泪如雨下、狼狈不堪……可是，生活怎能是永远理智的？哪怕是再懂你的人，都想要听听真心的话，知道爱真的存在。

换一种方式，避开眼神交流的羞涩，避开可能流泪的场面，拿起手机，调好距离，对着自己的脸，录清表情，把心里的话都说出来，对着镜头，就像对着他们一样。

你可以从记忆最深处说起，一点一滴，说一些感触，你也可以从一件小事说起。不需提前背词，只要回忆，只要用心就可以了。

说完以后，想象他们看到这段录像时的表情。这时的你是不是该会心一笑呢？对着镜头笑一笑吧，因为你的笑正是他们当初努力的方向。

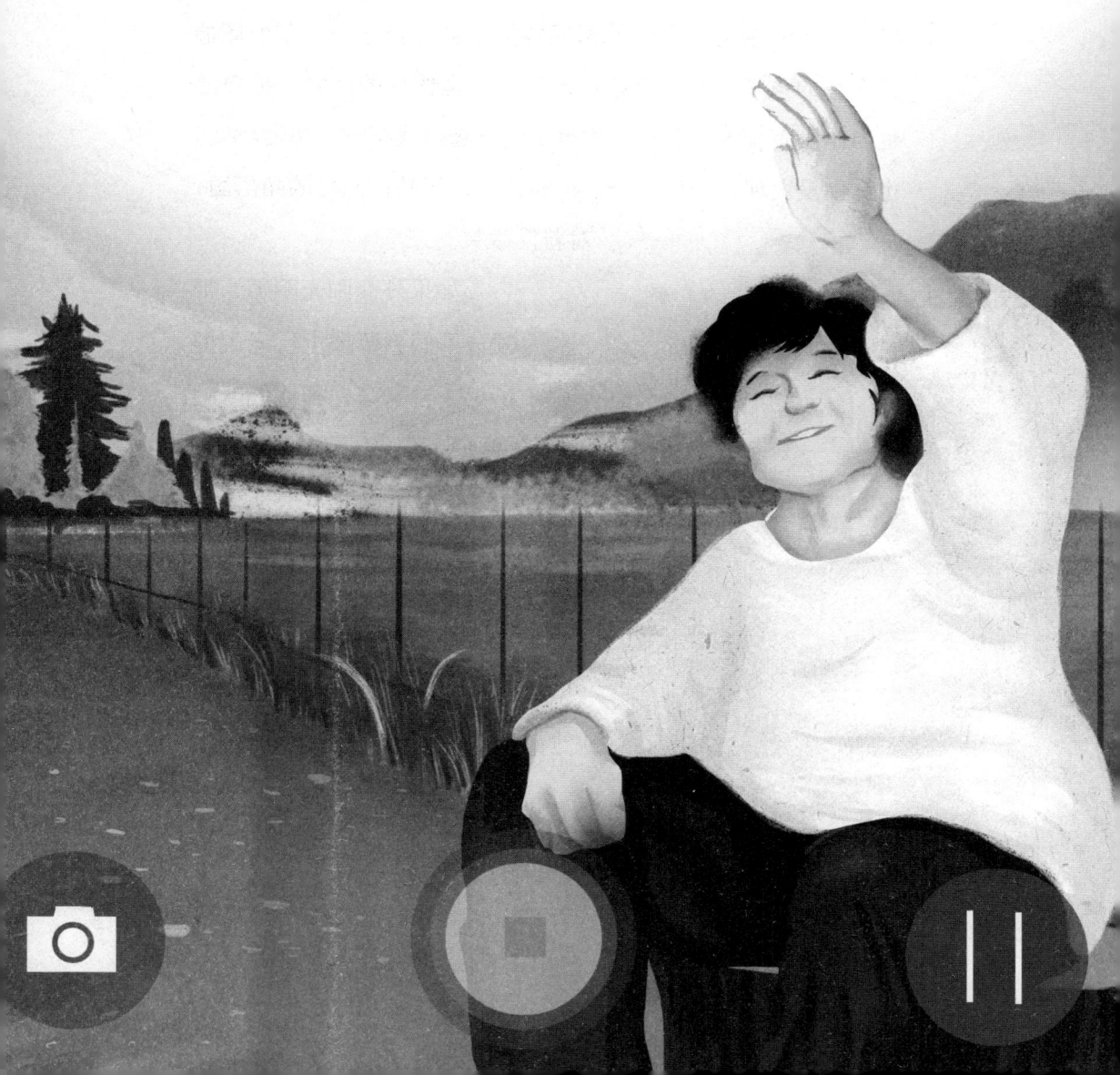

跟孩子们在一起

儿时的快乐最是无忧无虑的，最是天真无邪的，和孩子们一起玩耍，会让你找到儿时的影子，仿佛自己也回到了童年。孩子的童趣也会让你瞬间找回最初的自己——那个怀揣着童心的孩子。今天就给自己一个完全放松的空间，把自己也当作没有长大的孩子，和孩子们一起嬉戏打闹，尽情玩耍。也许你没发现，当年那个小小的自己，正站在回忆的角落里，对着你微笑。

如果外面阳光明媚，带领孩子们到草地上玩老鹰捉小鸡、过家家，和他们一起在草地上打滚，和他们一起大声笑、大声闹。如果小孩子让你扮可爱的小动物，不要因为觉得不好意思而拒绝，放开自己，做个让小孩子满意的"小动物"，在小孩子笑颜展开的瞬间，阳光照耀的空气里，弥漫的都是天真烂漫的快乐与幸福。

养一只宠物

它从来不会冲你大吼大叫，不会对你大打出手，不会今天对你好，明天又对你冷若冰霜。它从来不会强迫你必须陪在它身边，不会在你想要休息的时候还一个劲儿地在你耳边聒噪，不会拉着你大半夜还在 KTV 唱到嗓子都哑掉。它从来不会算计你，不会笑里藏刀，不会在背后说你坏话或者在上司面前打你的小报告。

当你拖着疲惫的身体回到家的时候，它会第一时间跑到你的身边，用身体轻柔地蹭着你的腿，好像在给你安慰。当你坐在沙发上，一个人默默流泪时，它会乖巧地卧在你的身边。它是你倾诉时的听众，孤单时的陪伴，它就是你心爱的宠物。

不妨养一只宠物吧，和它成为好朋友。在伤心流泪的黑暗时刻，在感觉到全世界都在与你为敌的时刻，没有什么比你毛茸茸的朋友跑过来蹭你更暖心的事情了。就让你的狗狗躺在你的腿上吧，就让你的猫咪瞪着萌萌的眼睛盯着你看吧。有了它，你的生活会充满很多不一样的乐趣。

打扮得体的那天，在街上偶遇在乎的人

能瞬间左右你心情的人，都是你最在乎的人。你是否还记得，在那个最美的年龄里，曾经遇到的那份美丽，一切来得毫无防备，没有看清对方的容颜，心门就被打开。从此目光闪躲，欲语还休。任时光冲刷，你始终无法忘记最初的悸动。

相遇往往是一个很美丽的意外。你精心打扮自己，只是想出去走走，给自己一个放松的机会，一份美丽心情。

就是这一天，在你打扮得最得体的一天，在街角，你遇见了那个最在乎的人。整个人生也许就此不再暗淡。心是惴惴不安的，却不用问一切是悲是喜，命运从不容我们质疑，一味地拒绝不如欣然地接受。或许，这样的偶遇，会装点今后的人生，让今后的日子，因这外出、因这美丽的邂逅而脱离死气沉沉。

你走过很多地方的桥，看过很多次的云，喝过许多种类的酒，也能在打扮最得体的时候遇见最在意的人，人生中最美妙的事，不过如此。

为自己拍摄的照片镶一个框

　　人生中会经历很多的事情，特别是在对自己意义重大的喜庆时刻，人们都喜欢用拍照的形式永久地定格当下的画面。而不同的照片负载着不同的意义，在我们的年华里，被定格的美丽也独有一种沉淀了的美。

　　比如生活照，它真实地记录着我们生活中的点点滴滴，不管是微笑还是流泪，它都是我们的生活，是最纯真也是最美的。特别是有小孩的家庭，孩子在每个阶段的成长足迹都是宝贵的财富，照片能记录孩子的成长，能带给孩子值得回味的东西。也许一切看似平常，但等到年月流逝，都会变成美好的回忆。

　　比如毕业照，我们都知道，学生时光，是最美不过的青春，那些青涩年华里的回忆都写在了青春年少的脸庞上，年轻的心永远是飞翔的。等到年长时看着发黄照片中的笑容，熟悉的声音就会在耳边响起。

　　比如风景照，游览处那些充满生机的景色，那些树、那些山、那些流水，日子就曾这样随着景物四季变化。比如艺术照，照相师傅通过角度、光线、表情、衣服、化妆、背景等，充分表现人的内涵与特点，掩盖不足之处，达到一定的美化效果。

　　找个时间，拿出那些封存住记忆的照片，发现很多已经渐渐泛黄，它们代表着我们的过去，承载着我们生命的历程。当回首往事时，或许我们会有些许淡淡的伤感，感慨着逝者如斯，却又无能为力，这也许就是生命的意义。

　　找个时间，为自己拍摄的照片镶一个框吧，让记忆永远鲜活，永远能记住那时的感觉，让我们珍视的东西永葆它的质感。镶好框后把它们摆在家里显眼的地方，用一种略带欣赏的心境，经常轻轻擦拭掉上面的尘埃，再为照片固定好四个角，把那时的人、那时的笑、那时的景致，还有那美好的回忆都小心地珍藏。

把卧室装饰得更有情调

　　除了工作场所，一天中还有一个地方我们会待很长时间，这个地方的环境条件如何，可以直接影响我们的心情，甚至第二天的精神状态，它便是我们每晚睡觉的卧室。

　　每个人应该都想有个"安乐窝"吧，那就想办法把自己的卧室装饰一下。怎么装饰完全随你自己的喜好，你可以事先在心里勾画一下，可以的话，画一个草图。如果你觉得自己没什么主意，只要你愿意，去向专业设计师咨询一下也是没有问题的。或者去看看相关的室内设计杂志，并不用完全照搬，只是启发一下思路，希望得到一点灵感；又或者可以去家居店看看，仔细研究一下样板间与你家的区别，哪些设计你也可以用得上，哪些是你可以改进的，多借鉴一些大师设计的样板间，你会有不一样的收获。

　　也许你并不想弄得太复杂，只是想简单装点一下，让自己觉得舒服，看起来比较温馨自然就行。比如买一些鲜花、绿色植物等，放一瓶清香的鲜花在床头，早上起床就能感觉到大自然的美好，这是件多么惬意的事。你也可以把自己认为比较满意的照片，贴在卧室的显眼之处，每天睡前和起床后都看一下自己甜甜的笑容，让你每天都有一个美好的心情。

　　还有一个细节别忘了，铺一床漂亮的床单，会让卧室增色不少。床单的颜色最好选择和卧室的颜色基调一致，这样看起来比较和谐，至于花色什么的，就完全取决于你自己的喜好了。

　　整理完毕后，坐在房间里，仔细环顾收拾好的这一切，然后泡上一杯热茶，一边欣赏自己的杰作，一边置身在这优雅的环境中。

再熟的朋友，平日里也可以带着礼物去赴约

约会对你来说也许是件很平常的事，吃顿饭，喝个茶，或是看场电影，时间久了，次数多了，也许有些淡淡如水，并不是不美好，只是似乎少了几分期待或是雀跃。

有没有想过花点心思，给对方也给自己创造一点惊喜？这样的生活才是充满情调的。有情调的生活会让人充满活力和热情，甚至会使自己变得更年轻。

一次惊喜并不是故作浪漫，却会让你和朋友之间的感情变得更好，让彼此感受到对方的重视和关爱。制造惊喜其实很简单，无须去妄想诸如摘星星摘月亮之类的虚空的浪漫，那太矫情也太缥缈，如果两个人的友情是如此坚固，你们需要的是在平实中寻找浪漫，在现实中搜集感动的片段。

比如赶赴朋友的某次邀约，带一件小礼物，便是一个大大的惊喜了，那瞬间的美好和浪漫让人心生欢喜。

礼物并不需要大肆铺张或是绞尽脑汁做到如何与众不同，关键是心意，一件小巧且容易买到的东西也未尝不可，不要觉得它庸俗，譬如一束花、一盒糖或一瓶酒，最重要的是你要告诉朋友，你为什么会选择在这个时候送上这样的礼物，有可能是一句玩笑话，有可能是关心体贴的问候，不管是什么，如果对方也同样在意这份情谊的话，他（她）会非常开心自己的人生中拥有你这个朋友。

但是，如果你真的很在意很喜欢这个人，又很了解他（她）的喜好，如果你愿意，完全可以多花点心思，想出点别出心裁而又能满足他（她）喜好的东西。

带一件小礼物赴约，可以显示出你对对方的重视以及对双方关系的在意，也是一种表达自我意愿的绝妙方式。约会之前，你也可以利用一些时机旁敲侧击探出对方最近想要一件或是几件什么东西，如果你送他（她）的正是对方想要的，对方会觉得是天大的惊喜，你也会觉得很欣慰。

不如等到周末，难得的假期，邀请你此刻心里想念的朋友，送去问候，送去你的邀请，带上你想送给他（她）的礼物，想象着送给朋友的那一刹那，朋友惊讶的眼神和开心的笑靥，你是否也会心情大好？

那还等什么呢？

用相册记录与爱人的点滴生活

　　人在热恋的时候，总会做出许多甜蜜的举动，就连脸上的细微表情，看起来也会显得十分有魅力。男孩为女孩准备的大束玫瑰花，在对方过生日的时候摆放的心形蜡烛和条幅告白，在楼下弹着吉他唱着情歌引来路人的频频回眸……女孩给男孩准备的爱心早餐，温暖牌的帽子围巾，在下雨天赶很远的路为他送一把伞……这些浪漫温馨的桥段不只是在影视剧里出现，也有可能是你与爱人之间的真实经历。慢慢地，过了热恋期，你们冷静下来，不可能一直像偶像剧里的男女主角儿那样天天爱得死去活来，于是生活归于平淡，你们不再刻意制造浪漫，也没有先前那么为了对方一个小小举动就目眩神迷了。但是爱情还在，只是以更生活化的面孔出现而已：早上起床，女孩已经准备好的那杯冒着热气的牛奶；突然来袭的下雨天，男孩默默撑在女孩头上的那件外套；出差回来，男孩准备好满桌女孩爱吃的菜；下班回家，两个人终于结束一天繁忙的工作，那一个默契的相视而笑……这点点滴滴的幸福体验，是每一对恋人都会经历的，很平常很简单，却有着"随风潜入夜，润物细无声"的力量，滋养着两颗相

爱的心。只要你们能够注意到这些小小的幸福，爱情之树就会是常青的。不管是先前的甜蜜浪漫，还是后来的平淡温馨，都是你们之间不可缺少的过往，把这些都保存下来，等到白发苍苍的时候拿出来回味，将是一件非常有意义的事情。拿起手机吧，记录下那些幸福的画面，再把它们制成一本爱的相册，见证你们爱情的每一个足迹。

当你开始去留心的时候，你就会惊喜地发现，原来你们看似平淡的日常生活中也有着那么多令人感动的时刻。只要是令你有所触动的画面，你都可以拍下来，值得你按下快门的理由会有很多。你们可以在照片后面写上一些话，记录下拍照时的背景和心情，又或者是彼此想要告诉对方的话。一本渐渐增厚的相册，会给你和恋人的生活带来很多乐趣。

等到你们银婚、金婚、钻石婚的时候，一起拿出那些相册，一张照片一张照片地慢慢翻着，回忆着。看着那些照片和下面写的那些话，这一生共同度过的喜怒哀乐仿佛又重新出现在眼前。你会发现，虽然那么多年过去了，你们的爱却依然如初。

给自己买一份喜欢的礼物

我们常常很想拥有某样东西，但可能因其昂贵的价格或是为了其他更实际的选择而放弃了，我们忍痛抛却念头，留下遗憾。其实，偶尔也可以破费一次，喜欢就买下来。

常常听到有人这样抱怨，"如果我当初如何如何""要是前几天买了就好了""真可惜，怎么就没有了，真后悔自己如何如何"所有的抱怨其实都是在埋怨自己，为什么没有预知未来的能力，后悔当初没有买下它。其实再多的"如果"也只是代表了一种无能为力，何不阻止自己这样？哪怕只有一次，让自己坦然接受内心的想法，不是放纵，不是奢侈，只是随兴一次，高兴一次。

所以从明天开始，邂逅一件你心仪的物品之后，衡量一下自己内心真正喜欢它的程度，如果真的喜欢就毫不犹豫地买下它，回到家中高高兴兴地享用，尽情想象自己使用它时的潇洒从容，其实你买的不仅是一份快乐，也是一剂放松自我的良药。

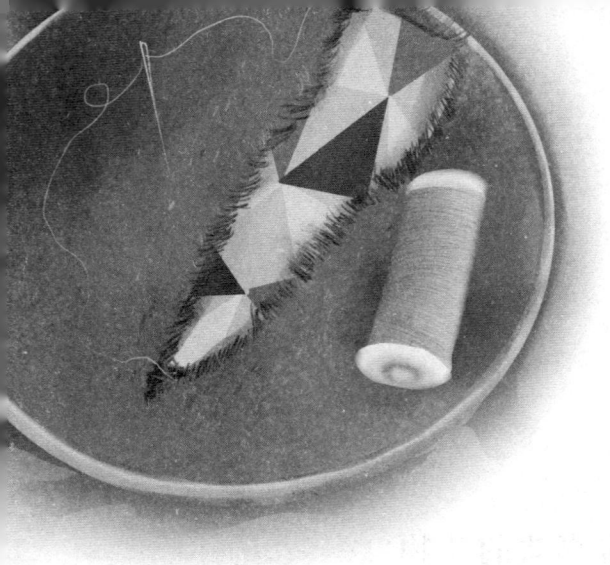

修补旧物，修补旧时光

如果你有时间修补一件旧物，你会发现其中有很多乐趣，同时也节省了一些开销，两全其美的事情，何乐而不为？刚开始可能会有点无从下手吧，其实可以静下心来想想，生活了这么久的家，一定有很多东西已经旧了，再去想想你最近是不是有说过要换掉某样东西，那就先从它们开始"下手"吧，不管是大件还是小件，都可以经过你的巧手去"改头换面"一番，比如衣柜用旧了，或者嫌它小了，你可以在柜面上贴上你喜欢的图案，又或者放几个整理箱子在柜子上面，分类明确。此外，你可以借鉴一下大师们的设计，让他们的创意带给你灵感，让这些旧物"改头换面"。

赶快行动起来，好好发挥你的聪明才智，顺便也挖掘一下自己的创意潜质吧。

与有趣的人，做有趣的事

为心爱的人做一份早餐

早晨有一顿丰盛的早餐，其实是件非常幸福的事情。美美地吃上一顿营养早餐，可以让早餐带来的满足感唤醒我们慵懒的身体，让每一个细胞都充满正能量，让我们信心百倍地迎接新的一天。

早晨提前起床，为心爱的人做一份早餐，实在是一件甜蜜浪漫的事情。不管是滋养的早餐粥，还是鲜香美味的早餐面，或是皮薄大馅的饺子与馄饨，或者是喷香的馒头和包子，抑或是让人唇齿留香的饼、爽滑 Q 弹的面疙瘩、晶莹饱满的米饭……当然，还可以随手组合，偶尔也可以来一顿速成的西式早餐，都是不错的选择。不管是做饭的人，还是吃饭的人，这一整天都会拥有美好的心情。

一份美味早餐带来的幸福，是真正爱人爱己的美好开始。当新的一天到来，为心爱的人做一份美味的早餐，有爱的早餐让一天更美好！

吃饱的流浪猫乖巧地看着你

猫总是有着自己的步调的。即使是流浪的猫，依旧在顾盼之间保持着高度的优雅，宛如迷失的贵族，或者说，它们只是随意、顺便来这世界走一趟。然而，即使再高贵，它们也渴望被疼爱，渴望温暖的窝，渴望天气好的时候能出去走走，渴望活得快乐、温暖、有尊严。

每次回家的时候，你有没有注意到无家可归的它就蜷缩在楼下的角落里，恐惧无助的眼神，既说明了它是这么害怕人类的伤害，又是这么需要我们的关爱。

也许，你从未想过拥有一只宠物，但是你却能为它们带去温暖。这件事情没有那么难，其实你能做的事情有很多。何不从身边的小事做起，培养自己对小动物的爱心——为楼下的流浪小猫准备一顿饭。

你精心照顾着它，按时给它喂食。每当你看到它吃得狼吞虎咽，吃完了还抬起头来用乖巧的眼神含情脉脉地看着你时，你一定会感到无比幸福。

和知己秉烛夜谈

每个人都是一个有思想的个体，这种思想的形成从经历而来，由感悟而生，而每个个体的成长都不在一条线上，怎能苛求每个人都完全理解你呢？

所以，如果拥有一位可以秉烛夜谈的知己，绝对是一件很幸运的事。也只有认定的知己，才是你倾诉的对象。有了郁闷的情绪，烦恼揪心的事情，不知所措的疑问，只有真正信赖的人，才能给你安慰与帮助。

每隔一段时间，给自己一个"任性"的机会，好好与自己认定的知己秉烛夜谈一次吧，将这段时间的疑惑、猜想、不安，都倾倒出来，并在与对方谈话中了解对方的生活、状态，珍惜和关心重要的友人、知己，并从对方身上吸收自己可以尝试的想法，学习能够汲取的经验教训，不断完善、肯定自己，"轻装上阵"。

就像《庄子·大宗师》中的"相视而笑，莫逆于心"，真正的友情，真正的知己，默契地相视一笑，就能够感到很舒心。跟自己的知己来一次彻夜深谈，是我们每次想起来都会觉得很温暖的事情。

为爱冒险

在与朋友的聚会上，你邂逅了一个令你怦然心动的人，目光便难以再从对方身上移开。那为什么还要在她（他）的目光不经意间与你相遇时，立刻转头，假装看不见？为什么还在犹犹豫豫，不敢去和她（他）打招呼？

这是一次可能获得幸福的机会，你怎么可以眼睁睁地看着它消失？鼓起勇气来，从从容容地走过去，拿出绅士的气度（淑女的风范），告诉对方你希望和她（他）成为朋友。

也许你们从此就从陌生走向熟悉，走进婚姻的殿堂。就算聚会之后，你们依然形同陌路，至少你也尝试过了，没有遗憾。不要总把矜持当作羞涩，幸福不会不请自来，大方一次，握紧属于自己的幸福。

为爱去冒一次险，不是要你像飞蛾扑火那样，抱着必死的决心，只是希望在可能获得幸福的机会面前，你能够给自己足够的信心和勇气，尝试一次、争取一次。即便最后这次冒险行动以失败而告终，你至少也知道这就是结果，可以心安理得地接受了。

不用再像根本连试都没试的人那样，在日后的无数个日日夜夜懊悔地问自己："如果当初我尝试一下，结果会不会不一样？"所以，请拿出你的勇气、信心和智慧，以爱的名义冒一次险，为幸福勇敢地争取一次，让人生没有遗憾。翅膀已经张开，你是否准备好冒险飞过沧海？

在家附近发现新的美好

　　罗丹曾经说过，生活中不缺乏美，而是缺乏发现美的眼睛。的确，在常规和惯性中，我们活得越来越死气沉沉的，日子太顺了，不知不觉中弄丢了理应比心跳还要蓬勃的活力，跟精彩更是毫不沾边，思想产生了惰性，心灵渐渐干涸，对于生活的热情和灵感也丧失殆尽。

　　如果你也有相同的感觉，觉得现在的生活有点枯燥乏味了，不妨找个时间，去住处附近但你一次也没去过的街道转一转，也许就能在某个被你忽视的角落里，发现新的美好。

　　找一条远离喧嚣、很少有行人走的路，因为不知道前方有什么、是否能走出去，陌生一点的环境让人觉得新鲜和忐忑，觉得前路值得探索，反而提升了我们行走的乐趣。

　　也许你会发现，角落里小小的不知名的花朵，正在静悄悄地开放。两旁有点斑驳的墙上隐约可见调皮孩童用粉笔涂鸦的痕迹。不知谁家的百无聊赖的猫抬起头懒洋洋地扫你一眼，对于这个突然出现的访客摆出一副无所谓的姿态……

　　越走越陌生的环境有点让人迷茫不知归路的时候，猛然行至街道的尽头，转头警觉旁边的道路原来就是自己日日都走的那条！知道"蓦然回首，那人却在灯火阑珊处"吗？就是那种感觉，真的很奇妙！

此次经历之后，问问自己：那里离家那么近，自己为什么一次也没去过？那里有那么多不一样的乐趣，之前怎么一点也没感受到？其实，要回答这些问题并不难，你也明白自己需要做出改变。

所以，从现在开始，经常变化一下自己的生活方式，改变心态，学会欣赏太阳东升西落的安稳、月亮阴晴圆缺的失落，最重要的，不要辜负生命，不要辜负自己。

加入狂欢人群

打开你的心门吧，让压抑已
久的情绪像那海，像那风，汹涌
地释放。让发霉的心晒晒太阳，让
蜷缩的手脚舒展一下筋骨，抖落一身
的不快，轻装前行。在你内心潜伏已久
的激情需要一个出口，加入狂欢的人群，
在人潮涌动的欢乐海洋中，尽情释放你对
生命的热爱和对幸福的追求。看看那些载歌
载舞的人，他们穿着色彩艳丽的奇装华服，在
节奏明快、感情热烈的音乐声中，尽情地舞动自己
的肢体，纵情地歌唱，放肆地大笑，好像要让全世界都感受
到他们比阳光还要耀眼的激情。

置身于他们的包围中，随着人流走过大街小巷，你也会
被他们的活力所感染，也会不知不觉地跟随他们起舞，痛快
地笑，痛快地闹，痛快地告诉世界也告诉你自己，你也可以
活得如此开心。

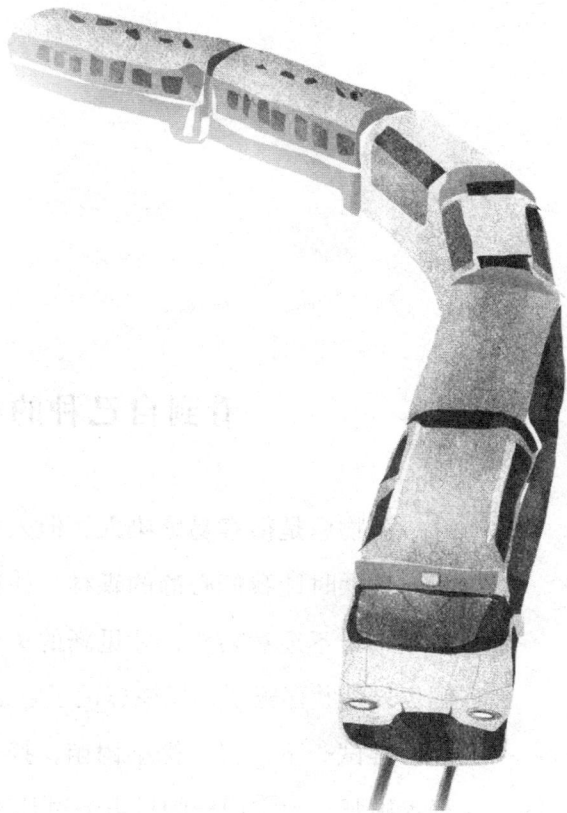

从远方归来有人接

在你出差或者旅行从远方归来的时候，能有人来接站，实在是一件美好的事情。

当你走出喧闹的出站口，你的周围满是人头攒动，你拖着笨重的行李企图在拥挤的人群中杀开一条血路。在你忙得满头大汗的时候，一抬头，发现爱人来接站了！

你可以放下行李箱，张开双臂向对方奔去，不要吝啬你的热情，和对方紧紧拥抱，此情此景，此时的心情，相信你能牢记一辈子！

看到自己种的树长大

植物总是很容易感染人，但人关注的往往只是路边的树荫，烦躁时让我们心静的森林。往往每天从那路上走过，却在某一天不经意转头，才见新的树苗已经长到齐肩高了。我们也只是欣喜罢了，往往忘记了它奋力生长的过程。

尝试一下，买一株小树苗，找一块地，小心种下，为它浇水施肥，为它记一则日志。过几天，过几个月，再过几年，看看它，跟它一同成长——长高，抽出新芽，出现绿叶，根枝变壮，每一个细节都不要错过，这样每一次成长中出现的新变化，定能让人欣喜万分。

一段时间过后，翻看记录的日志，回顾悉心呵护它时的心情，骄傲地看生命的生根、茁壮、繁盛。当我们对一件事物投入全心的关注，就会关注它每一刻的细微变化，留意它逐渐发展的过程。这归属于自己的生命，随着自己的生命旅程一同前行，就像是我们本身的一部分，浇灌它的不仅是水、养分，更有我们内心最真诚的呵护。

守护一件事物是每个人要学会的事情，这些年你也许曾经想过放弃，也许曾经觉得疲惫，但看那逐渐粗壮的树干和嫩绿的叶片，你内心又是无限的满足。

这不仅仅是生活的小情趣，更有满怀的一份责任和对生命的崇敬。当你以自己的名义将它的生命与你紧密联系时，就注定不能放弃它。春天来了，它奋力生长；夏天来了，它奋力繁盛；秋天来了，它落了一地黄叶；冬天来了，你奋力为它防冻，让它安然度过严寒。眼看着它那样努力地盛放生命的激情，你又怎能忍心放弃它呢？牵动你的不仅是那绿叶，更是生命的伟岸。

随手拍出明信片

　　出门的时候看到有美丽的风景或者有趣的场景，都可以随手拍下来。等有时间的时候整理一下，选择效果好的冲洗出来，你会发现，这些简直能媲美明信片。能够在好的天气拍到好的风景，随手就能拍出明信片，你的收获就是在惊喜中保持了很久的好心情。

选一个晴朗的天气出行，随时关注周围，捕捉优美的风景，山也好水也好，树也好花也好，选取你自己认为最美的景色，多角度拍摄，别忘了调好亮度、色度、焦距之类的，尽量多拍些不同的景色。虽说是风景照，但景中有人也是一种美，如果有同伴，互相给对方留影。人与大自然的融合，是最美的艺术。

你可以和家人一起出游，拍下每个人在广阔的天地中真性情的一面，每一个表情，每一种神态，都是真情流露。如果你想拍下最真实自然的一面，可以事先不告诉家人，在他们欢声笑语之时，偷偷拍下温馨的瞬间。

要拍出明信片一样的照片，不需要提前练就好的照相技术。毕竟我们只是为了寻找一种生活的气息与灵感，寻找人生的乐趣，并不是要做得多么专业，所以，不必过于追求照相技术和照片的效果，自己觉得满意就行了，只要你觉得拍出来的作品有收藏价值就可以。

照完照片，回家后的工作还很繁重，把照片按类整理好，打印或者冲洗出来，用相册装好。如果是你特别喜欢的一张，可以装裱起来，放在书房或者家中任何一个你觉得显眼的地方，最好在每一张照片下面备注一下，备注的内容完全由你自己决定，可以写上风景的名称，也可以是拍下它的瞬间你自己的思绪。整理完之后，可以把它珍藏起来，供以后慢慢欣赏回味，也可以寄给远方的亲友，和对方分享你的成就。

和朋友去野外露营

清晨的阳光温馨而明丽，前方的峡谷在晨曦中朦朦胧胧，缥缈而悠远。和伙伴们走在山道中，一起踏上野营之旅。看着路边的小溪唱着欢快的歌奔向远方，心中好像找到了一份久违的踏实感。一路上观赏着美丽的风景，也不断地观察着地形，准备寻找一个较好的露营地。

走了将近两个小时，在林间的一片平阔草地上，终于可以扎营了。大家把大大的旅行包从肩上卸了下来，动手搭建营地：清除石块，以及矮灌木等各种易刺穿帐篷的东西，把那些不平的地方用土或草等填平，收拾出一个安置帐篷的地方。帐篷排列成了一排，门都向一个方向开，以免相互干扰。然后划分好就餐区、用水区和卫生区。

入夜，聆听着林边小溪潺潺的水声、风吹过树林时的哗哗声、阵阵的蛙鸣声，呼吸着野外清新的空气，整个人都松弛了下来。

清晨，不知名的鸟儿用清脆的叫声把大家唤醒，走出帐篷，伸个懒腰，看看周围矮矮的灌木丛上晶莹剔透的露珠，呼吸着新鲜的空气，突然好想在这树林中遇到七个小矮人。

　　暖暖的阳光照在宁静的森林中，高高的树底下那几顶彩色的帐篷，让人恍若来到了童话世界。

在旧货市场摆摊

　　一个人在不同的人生阶段会有不同的经历，从而获得不一样的阅历。这些阅历是我们最宝贵的东西。所以，尽可能多地尝试一下各种生活体验，是一件值得鼓励的事情。随着时间的拉长，我们手里的东西会越积攒越多，很多都会被闲置起来，即使这些东西是能用的，也可能会被遗忘，更新的东西分去了我们大部分的注意力。而乱七八糟的物品开始堆积，在我们还没意识过来的时候，变成了房间大量的障碍物。这时候，何不把家里的旧物和闲置物品集中起来，去旧货市场体验一把"练摊"的滋味呢？

　　衣柜里那些再也不想穿的衣服，书房里那些许久都没再翻过的书，还有房间里那些总是很碍眼、平时不太用得到的物件，把它们整理一下，作为你的货物，到旧货市场去挑战一下自己吧。

　　首先你要做好讨价还价的心理准备。你可以把价格定得足够低以吸引人，但报出来的价格最好稍微高一点，给对方一个讨价还价的机会。比如，如果你觉得某个物品值 30 块，就开价 60 块。即使被还到 30 块你也不会失望，但如果别人以 60 块的价钱买下了，你就赚了期望值的两倍！

选一个天气晴朗的日子，在旧货市场找一个好的位置——好的位置会让你拥有一大群围观者。也许最初你会有点放不开，笨拙得不知道如何让别人关注自己的商品。此时，千万不要气馁，更不要怀疑自己的能力，因为要在那么多陌生人面前表现自己本来就不是一件容易的事情。你只是需要再大胆一点而已，你要相信自己的东西不错，好东西总会有人发现的。当你最终成功地卖出一件商品时，那份成就感和满足感是激励你迎接下一次挑战的动力。

在旧货市场练摊也是一门学问，非常挑战个人能力。面对不同的买主，你是否有勇气迎上前去，你的言谈举止是否得体，你是否能够在很短的时间里就抓住买主的心。而一次成功在旧货市场摆摊的经历，会让自己变得更加自信，懂得如何更恰当地待人接物，如何用语言来达到自己的目的，然后你会更加接近成功。想感受不同的人生体验？去旧货市场摆一次摊吧，亲手卖出一件商品。

参加主题聚会

如今，聚会已经成了人们交际的主要方式之一，原本不相识的人，因一次聚会成了朋友，有时甚至还会成就一段美好的姻缘。很多人把聚会看成吃喝玩乐、结交朋友的工具，当然，这不是没有道理。聚会有时的确让我们觉得像是在吃一顿快餐，方便、快捷又简单。但除了一些有目的性的聚会，我们还可以参加一些有主题的聚会，让自己在聚会中真正学会些东西，提升自己。

参加一次有主题的聚会，不是为了摆脱寂寞找个伴儿，更不是简单地去凑热闹，主题的确定要求每个人都为聚会做相应的准备工作，这是能在聚会中有所收获的必要条件。做准备工作会发现新的问题，这样，带着新的疑问去参加聚会，就会有较强的针对性，忘记平时生活工作中的琐碎，彻底地投入和参与这一次有主题的聚会。你会认识和你一样有备而来的人，你们一起探讨问题，互相学习，这也算是轻松地为自己充一次电。主题聚会也分很多种，无论参加哪一种，都会有相应的收获，会让你在不同领域里打开新的眼界。

有机会去参加有主题的聚会吧，就算不是为了学习新的东西，单纯地放松一下也好。

郊游

　　选个周末，和家人或几个好友去郊游吧，在山里踏青，或者在森林里找个僻静的地方搭帐篷露营。如今，亲近自然已经渐渐成了一种时尚。在城市中呼吸了太久、太多废气的人们，的确需要通过郊游来放松身心。

　　年轻人喜爱远足，大多想找一些陌生而富有刺激性的地方，在那里欢乐地待上一两天。而那些经历了太多风雨的中老年人，他们所在城市郊区的一些景点都去得差不多了，则希望能在一个舒心闲适之地，邀几位老友"把酒话桑麻"，一起聊一聊往昔的"峥嵘岁月"，一起体验返璞归真的乐趣，这才是他们郊游的本意。

　　郊游自然是要找一个空气清新的好去处，而且最好能够吃到那些未被污染的绿色食品，能够呼吸到沁人心脾的空气。还有那满目青翠、生机勃勃的美妙景色，能使你忘记城中的一切烦恼，心情愉悦，尽情享受生活的欢乐。郊游，如果仅仅大饱眼福和耳福显然是不够的，还得加上一个大饱口福，只有这样，才叫乘兴而来，满载而归！郊游时，也可以带着野炊用具，自己做一顿丰盛的饭菜。面对四周美景，胃口会

出奇地好，以前吃不下去的食物，也许在不经意间就被你风卷残云地"消灭"掉了。更有情趣的是和结伴而行的朋友们来一个聚餐，大家贡献出自己的食物，在波光粼粼的湖边，在浓密的树荫下，在红色的枫叶旁，或是在皑皑的白雪上，都是别有风味的。

在城市的近郊，一定能找出一大堆的美景。方便的交通，使你在路上不需要花费很长时间。虽处近郊，在不同的季节、不同的地方，你都会很自然地发现生活中令人心神荡漾的美。

跟别人说出自己的故事

懂得倾诉，懂得把自己的心事与别人分享的人，才是真正会享受生活的人。如果你很想和某位朋友增进彼此的了解，那么就把自己的故事先讲给对方听。也许你的故事并不传奇，也没有多少引人入胜的动人情节，但至少包含了你成长的某一阶段的快乐和忧愁，至少从你的点滴故事里能窥见你性格和人品的缩影，最重要的，那是你的故事，而不是其他任何人的。

约你的好朋友出来，去咖啡馆，去海滩边，去山脚下，去湖畔，地点并不重要，关键是气氛的幽静闲适，彼此轻松的交谈。你娓娓道来，倾听的人全神贯注，如同听一段美妙的音乐，这种感觉是很多人可望而不可即的。

你的烦恼，有可以倾诉的人；你的故事，有人爱听，这本身就是人生中最美妙的事。

一个人也可以活得漂亮

一个人跳舞

人生的境遇难以预料，有些人可能生而富贵，但难求一生平安顺利；而有些人可能生而贫贱，但不代表一生潦倒困苦。我们总是对将来和未知充满了恐惧，也会为过去和今天而感到懊丧。天气晴朗，但是坏情绪总是挥之不去。

也许你此刻心情沉重，也许你被某个在意的人气得抓狂，也许你伤心欲绝，甚至对未来感到绝望。如果真是如此，没有什么比来一次独舞更能安抚你的心灵了。

找一个夜晚，能够看到月亮或是星光，周遭是宁静的，放着让你有所触动的音乐，亮出你的招牌动作，一个人翩翩起舞。

不用害怕自己的舞姿难看，觉得难为情，谁也看不到你的样子，只有你自己。你既是舞者，也是观众，你觉得优美，全世界都觉得优美；你欢呼，整个世界都充满掌声。此刻，你是最绚烂的舞者，也是最贴心的观众。评委？当然没有，没有人对你说三道四、指指点点，你不需要违心的赞美，也不需要严苛的点评。顺拐了能怎样？自己踩到自己又如何？

就让所有坏情绪都散尽，再也不去想。此刻，抛开一切，伴随着逐渐熟悉的节奏，闭起双眼，暂时忘记跳舞必须要掌握的规则和章法，不用顾忌别人的眼光，不再挑剔自己，只凭感觉和听觉，尽情舞动，直到大汗淋漓。其他的都不重要。

你也可以关掉灯，在黑暗中，你看不见自己的样子，可以随意地跳，甚至可以边跳边唱。即使你的歌声被淹埋在音乐声中，你也可以尽情地发泄，那种感觉既惬意，又坦然。

谁都有独自在家的时候，偶尔纵情摇摆，放松解压，是人生中的一件乐事。所以，还等什么呢，锁上门，拉上窗帘，音乐响起，属于你一个人的舞会已经启幕！

听到一首曾打动过你的老歌

有一天，你如往常一样，也许嘴里还咀嚼着没吃完的早饭，外套还没穿好就忙着出门，匆匆忙忙的一天又开始了。

公交车堵在一个路口，人们纷纷看表，咒骂这个城市的交通。就在这个时刻，随风飘来了一首老歌，恰好就是曾打动过你的那一首。仿佛触电般，所有的动作、所有的声音都戛然而止，只默默地、安静地听着这首歌。你一定是在想以前的事情吧，怀念那个时候的自己，回想当初听这首歌时的心情。那时的自己洋溢着青春的气息，有理想，有抱负，畅想未来；那时的爱情是纯真的，率性的，带着美好憧憬的；那时的自己有点叛逆，血气方刚……

你不禁沉默，在心底默默地哼唱这首老歌，它带着你回到往昔，那些曾经模糊的梦想变得越发清晰，你的心底轻易就被这首老歌勾起了阵阵涟漪与共鸣。你不再忙着赶路，很想就在这里下车，也突然来了兴致，看似麻木的脸庞终于泛起了悸动。你不再对这拥堵的交通心生厌恶，反而不介意再多停一会儿，直到把这首歌听完……

想哭就哭

如果你累了、倦了、痛了，想哭了，那就大方地哭一次。咸涩的眼泪会溶解掉那些虚伪的面具，痛快的号啕能够冲破现实的藩篱。它会帮助你释放出毒素，不管是心理上的还是身体上的。我们有时需要这种自我调整，不要再背叛自己内心自然的想法，想表达什么，找个时间实现它。

不要担心哭过之后的后果。没有人会觉得你是脆弱的，或是虚伪的，因为你只是表现出自己最真实的一面而已。那些真正爱你的人只会从你的眼泪和抽噎中，对你生发出更多的关爱和痛惜，就像心疼孩童时代那个偶尔任性的你。至于那些不爱你的人，又何必去在意他们怎么想？

清晰记得梦中的美好

　　每个人都会做梦，醒来后，我们或多或少都会记得一些梦里的情节，当你在第二天醒来时重温一下梦中的美好，是不是很有意思呢？

　　也许一觉醒来，昨晚的梦会给你带来灵感，让那些棘手的问题变得很容易搞定。也许你梦到了许久不见的老友，梦到了你们在一起的美好时光。梦醒后，细细地回味，感受一下梦里的那份友情。你也可以重新回顾一下你们曾在一起的日子，然后拨通对方的电话，诉说你的想念之情。

　　有时候，你甚至可以准备个本子，记录你的梦境。记录多了之后，哪天拿出来翻看时，也许会勾起你很多的回忆。

把烦恼写在沙滩上，看着它流走

工作、生活、亲情、友情、爱情，所有的不顺利一拥而来，让你不知道怎么办才好。那就去沙滩吧，写下"烦恼"二字，等到一个波浪打过来，淹没了你的"烦恼"。沙滩上又是一片平坦。

人一旦长大，进入复杂的社会，就很容易在不断的寻觅和追求中忘了自我，忘了快乐，忘了满足，只剩下烦恼。把烦恼写在沙滩上，看着它被海水一冲就流走了，沙面上又重现平滑，心情就会一下子变得平静。

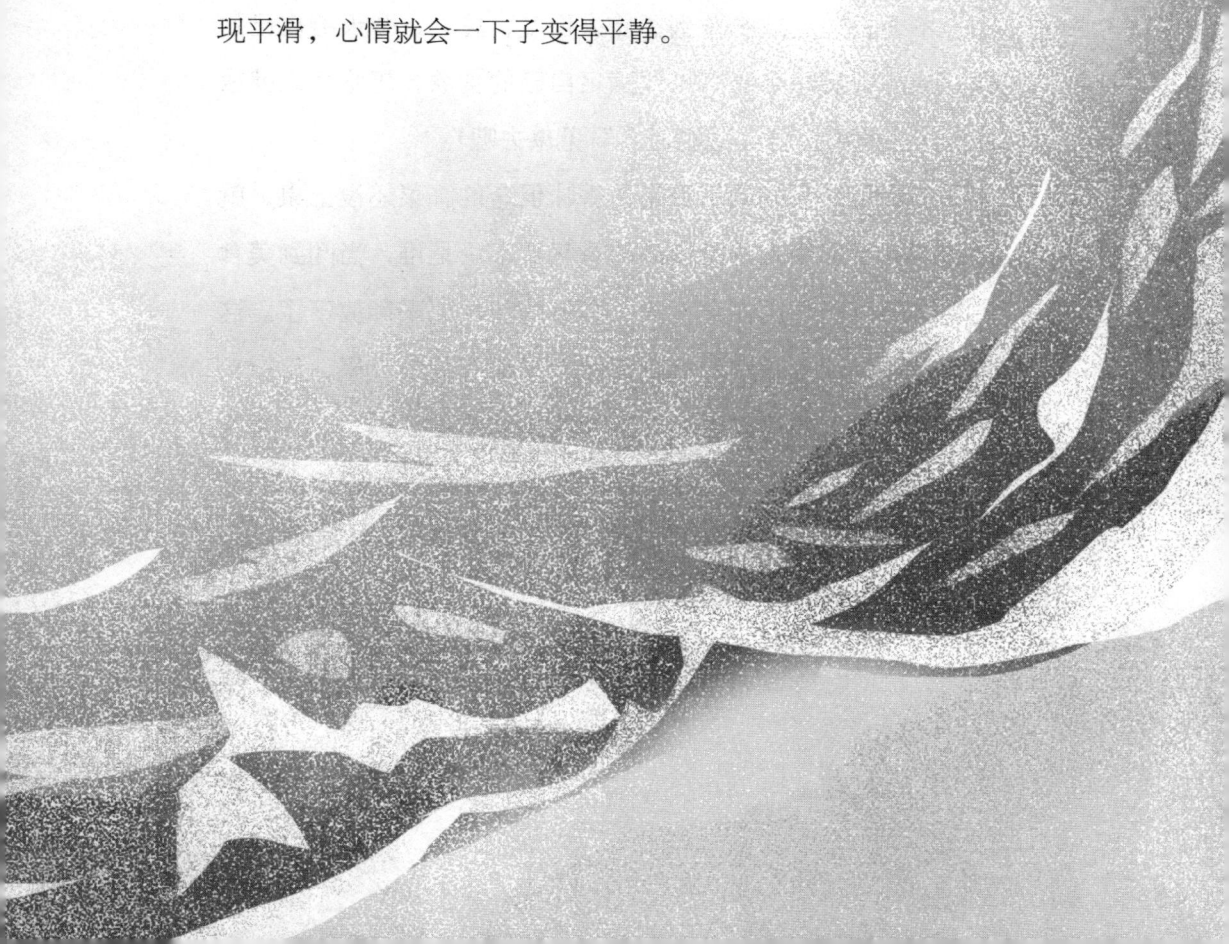

忽略身材大吃一顿

生活中总会有很多束缚，让人无法随心所欲，有时候这些束缚其实是人强加给自己的，是在压抑自我的本性。找一个空间释放一下，偶尔的放松会换来快乐无穷，何乐而不为？

不管身材如何，也不管你是出于什么目的强制自己减肥，不要去理会减肥减到了什么程度，总之，今天给自己的味觉放一天假，尽情尽兴地满足自己的食欲，想吃什么就放开肚子去吃吧。让"减肥任务"见鬼去吧！

美食带给我们的享受是色香味俱全的。菜还没上桌，就已经闻到了那令人垂涎欲滴的香气。不论是谁，当闻到美食的香味时，一切压在身上的、心上的包袱似乎都放下了。这香味是可以让人安心的，就好像大雪纷飞的冬夜里，从街头巷尾悠悠飘来的烤红薯的味道带给人的感觉一样，那种香香甜甜的温暖，仿佛给仍旧在寒冷中奔波忙碌的人们套上了一层小棉袄。总之，现在终于可以安安心心地坐下来，等着美食上桌了。看着每一道菜的颜色，或许金黄，或许雪白……不论怎样的色泽，都好像是从心里走出来的颜色。迫不及待地夹一大口放进嘴里，所有的味道都变成了脸上的表情，先是惊喜，再是满足，然后是回味。

享受美食是人生的一大乐趣。那么，去痛痛快快地大吃一顿吧，这份虽然平凡但又巨大的满足怎么可以错过？身材？谁在乎！什么"身上的每一块肥肉都是向生活妥协的罪证"，见鬼去吧。今天就是要彻底体会一次不设防的进食乐趣，就是要享受一次不顾身材的饕餮大餐。

人生苦短，唯有美食永恒。把品尝美食当成偶尔的发泄和放纵，你因此得到了快乐，这不是一件很美好的事情吗？别顾虑太多了，带着美好的心情去大吃一顿。不过要记得，不但要吃得开心，还要吃得健康。一定要照顾一下胃的承受能力，别满足了嘴，伤了胃，那就得不偿失了。

到大自然中去

你是否想找这样一个地方：这里没有呼群结党的喧嚣，没有顾此失彼的担心，没有必须应酬的人，没有不得不做的事……在这里能抚平所有的浮躁与不安、烦恼与忧愁，这里就是永远孕育着希望与生机的大自然。

到大自然中去，你会变得绝对真实、绝对轻松，此时此刻你就是你自己，想笑就笑，想哭就哭。大自然会以她博大的胸怀接受你的压力和委屈，倾听你的烦恼和抱怨，让你在不知不觉中绽放出最美丽的微笑。

这个地方，有山有水，有花有草，有虫有鸟。清晨的自然界空气是那么清新，在万物苏醒的这一刻，格外生机盎然，你会感受到自己从外到内也生机勃发了。躺在草地上，大自然的虫鸣鸟叫是最美丽的乐章，还有草的清香、阳光的温暖将伴你小憩片刻。不管是湖水还是小溪，走到水边，看落花随着流水漂移远去，听水声淙淙流动，就像是生命在流动，你会觉得这个世界是活的。你会重新找到生活的希望。

茂盛的大树在初升的阳光下的婆娑树影，婀娜多姿，昭示着青春的无限美好。双臂张开，闭上双眼，享受阳光，然后深呼吸，你会突然感觉天地之间自成一体，想象着头顶有一股力量正缓缓地把你的身体往上拉，这样反复几次，不仅放松了整个身体，也能使心灵得到真正的平静。

　　如果你的时间充裕，不如到大自然中去，呼吸一下新鲜空气。吸一口新鲜空气，张开你的双臂，把大自然的气息拥抱在你的怀里，大声对自己说：生活多么美好，我要学会珍惜，让希望永远留在心里！

俯瞰城市的灯火

你有多久没有睡过一个好觉了？又有多久没有真正放松下来享受午睡醒来后的阳光了？仔细算一算，你是不是也有很久没有从事自己喜欢做的事情了？在繁重的工作和巨大的精神压力之下，你是不是很久都没有感受到真正发自内心的开怀和踏实了呢？冗长乏味的饭局，醒来就忘的段子，八卦各类绯闻是仅剩的娱乐方式。欲望无休无止，生活枯燥乏味，我们都迷失在自己的城市里。

披星戴月地奔波，只为一扇窗。当你迷失在路上，能够看见那灯光。这个时候，可以尝试在夜晚的时候俯瞰自己熟悉而又陌生的城市灯火，从不同的角度看这个世界的缺憾与不完满。夜幕降下来，看着城市中的灯火一点点的，仿佛倒映在人间的星星，脚下那一片一望无际的灯火甚至使星空也为之逊色。人生如戏，你能看到舞台上的大戏上演，那谢幕之后的黑暗呢？伴着夜里的灯光，你是不是能认出自己每天走的那条路呢？

安静地坐在酒吧的角落

在你的印象里，酒吧是什么样的？橡木地板、彩绘吊灯、带曲线的木椅、柔和的粉红色灯光；头顶上，几只老式的风扇高高悬挂？

那是从前。如今，风情各异的气氛、旖旎的音乐、折射着诱人光泽的美酒，才是构成酒吧的特别风景。当你走进酒吧，点上一杯或浓或淡的适合自己口味的酒，慢慢地呷着，或柔或强的背景音乐在你耳边环绕的时候，你会感觉到每一个美妙的音符都在心中流淌。朦胧的气氛下尽管都是些陌生的面孔，但是每个人的脸上都不加掩饰地展示着自己的内心。

听着如行云流水的音乐，看着窗外的街景，抿一口美酒，随心所欲地梳理自己或喜、或悲，或宠辱不惊的心情，闲适自在的生活就这样一点点地"炮制"出来。

带点甜味的酒能给空虚的胃和灵魂带来慰藉，当你仰起头一饮而尽的时候，从喉咙到胃都有一种很畅快的感觉，然后令你回味无穷。

泡吧能排遣心中许久的压抑和紧张，重新寻回那份自由和洒脱。透过玻璃窗，是喧闹的霓红闪烁的都市夜景，更让人觉得泡吧别有一番滋味。

在无数的醉态后面，你看到的是泡出来的人们多姿多彩的本来状态。在这里，没有人打听你的来处去向，也不会有人过问你的喜怒哀乐。在酒吧里，你就是一个天涯流落客，无声无息地在人群中淹没自己。

酒吧给人的感受是柔软的、放松的。静静地坐在酒吧的角落，用心地体会一下孤独的美妙，或是在音乐中细细地品味自己走过的路，个中滋味自然是美极妙极。

为自己的进步鼓一次掌

我们中的很多人都不会吝啬对别人的赞美，尤其是当别人取得进步的时候，不管这进步是大是小，我们都会大方而热烈地为对方鼓掌。我们知道，这既是对他人所付出努力的肯定，也是对他能够再接再厉取得更大进步的激励。可是，不少人却吝啬对自己的赞美，很少为自己鼓掌。

究其原因，也许是人们对自己要求得太严格，设定了过高的目标。严格不是坏事，它能够帮助你把目标完成得更好，甚至让你比很多人都优秀。而设定的目标又可以激发人们无限的动力与潜能。可是，严格不能发展为苛刻，凡事都追求完美，到头来，却是什么都无法做到完美。因为你太要强，看什么东西都觉得达不到自己要求的标准。而过高的标准本就是不切实际的，又怎么能够达到？其实我们应该设定一个现实一点的目标，不好高骛远，并且只需要尽自己最大的努力去争取，不论结果如何，都可以问心无愧地为自己鼓掌。

人们很少为自己鼓掌的原因也有可能

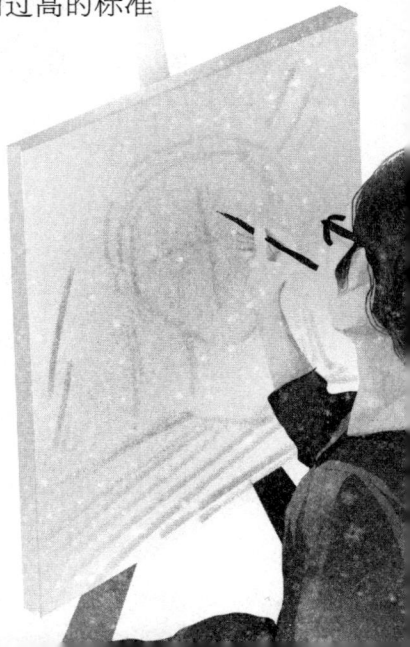

是错误地定义了"进步"。在面对什么是进步的问题时，人们往往以别人取得的成就为尺度，总认为进步、成功就是要超越他人。其实进步不是要超越别人，而是要超越自己。人真正的"敌人"，或者说最大的"敌人"不是别人，正是自己。一个人想要突破自己真的不容易，所以一旦取得了进步，就应该自豪地为自己鼓掌。

不管你取得的进步是大是小，请不要吝啬给自己的掌声。你比上次更出色地完成了领导交给的任务，这是一种进步，无须等待别人的赞美，你大可开心地为自己鼓掌；在挫折和危机面前，你能够比以前更加从容、更加镇定地应对，这是一种进步，值得为自己鼓掌；你今天做的菜比昨天的好吃，今天比昨天多认识了几个英文单词，今天比昨天更大胆地说出了你的爱，今天比昨天多改掉了一点坏习惯，等等，这些都是你为自己鼓掌的理由。功成名就、地位显赫、大富大贵哪里能是进步的全部定义？

每天你的人生都会开启新的一页，请你与昨天的自己对比，把掌声献给自己哪怕很小的一点进步，让自己活得更自信、更幸福。

一个人爬到山顶，说出心中的郁闷

　　真正懂得生活的人，不是没有烦恼，而是懂得如何将心中的烦恼及时地排遣掉，懂得如何给自己的心情排毒。

　　面对面的倾诉，不一定非要对着某个具体的人。如果找不到一个帮你收拾心情垃圾的人，那就找个清晨一个人去爬山，等到了山顶时，对着远处，把心中的郁闷全都喊出来。

　　等你的声音叫嚷得嘶哑了，身体变得疲乏不堪了，你塞得满满的心似乎一下子被掏空了，烦恼也就被你赶跑了。

跟最难拒绝的人说了"不"

　　面对生活中形形色色的人和事，开心的也好，不开心的也罢，一直以来，大多数人都学会了接受，无条件地、不做任何选择地接受。

　　有时候，父母会强迫我们做一些自己不喜欢的事情，比如选择什么样的职业；有时候，朋友会勉强我们做一些内心不愿意的事情，比如要在一定程度上打破自己的原则来帮他们某个忙；有时候，老板会迫使我们做很多令我们无奈的事情，比如周末放弃陪在家人身边的时间去办公室加班……

　　谁是你生命中最难以拒绝的人，家

人、朋友还是你的上司？当他们提出各种各样要求的时候，你是不是宁愿委屈自己，宁愿让自己身心疲累，也要满足他们的要求？

可是，生活说到底是自己对自己负责。爱的对象除了他人，还有自己。不妨改变一直以来全盘接受的做法，学会说一个字："不。"

其实，对最难以拒绝的人说"不"，也是要我们学会如何对生活说"不"。

我们要享受生命的赐予，也要学会拒绝生活的附加，从肩膀上卸下那些多余的东西，让自己在生命的旅途中，可以抬起头来，享受蓝天、享受原野、享受最自在的呼吸。

找个无人处大声地歌唱

唱歌不一定是要给别人听，也不一定非要外人来欣赏，我们完全可以为自己而歌唱。歌声不在于有多优美，而在于你的心情有多放松，有多愉悦。

找一片空旷的草地，或湖边的小树林，或者就是自己的房间，只要你认为安全且私密的环境，只要是你的视线里没有别人，你就可以放声为自己歌唱。你觉得现在的心境适合唱什么歌就唱什么歌，不要敷衍自己，即使想唱一首小时候的童谣也无妨，不用去刻意地回忆歌词，你可以很随意地去唱，甚至可以自编自导，唱一些不知名的歌曲，不成曲调，也没有人会取笑你。你对着镜子里的自己唱歌也可以，欣赏自己的眼神、状态。你还可以把一些想对自己说的话，用歌曲唱出来，哪怕是心中积聚的苦闷和牢骚，把满腔的怨言大声唱出来，也是一种很好的发泄方式。最好能唱一首激动人心的鼓励之歌，或者是一首充满了祝福和期许的希望之歌，唱出自己对生活的美好愿望，唱出自信，唱出激情和勇气来。

如果你有雅兴，不妨把自己的歌声录制下来，以后任何时候都可以拿出来回味一下，自我欣赏一番，那一定很好玩。你甚至可以为自己专门制作一张专辑，就像那些明星一样，只不过这个是用来自我收藏的。如果可以，把它送给你的好友，这么好玩的礼物，你的朋友一定会很喜欢。

不论你在哪儿，不论环境如何改变，你都可以歌唱生活，找个无人处，唱出动听的乐曲，连心情也会跟着飞扬起来。

听海

　　潮起潮落。时而翻腾，时而平静；时而汹涌，时而哀婉；时而怒吼，时而悲伤。这是海，是海的声音。大海，是一个充满神秘和诱惑的地方，在海边，人的心门被海浪打开，心胸会变得特别开阔。

当你的耳朵听着海涛之声时，你会感觉到一种抽离，是自身从烦躁杂乱的琐事里抽离了出来。此时，工作和生活里的一切不愉快都会变得不值得计较。耳边的风声和海浪声温柔地漫过你的心坎，冲刷着你的心灵，把一切尘世的粉尘都带走，还原你的本真。

花会盛开，然后凋谢。曾经存在，如今隐没。繁星亮起，那场雨却一直没有停。有时间去看看海吧，一个人静静地坐在海边叠纸船，船里载满了问候、祝福和期盼。一个人静静地坐在海边听海浪翻腾的声音，享受被浪花溅得全身湿透的感觉。一个人听海，听海的喜怒哀乐，听自己的悲欢离合。因为海的声音，就是你的声音。

一个人在海边静静地坐坐。回忆一下那些美好的事情，或是流泪，或是微笑，相信海，相信自己不会一直听到海哭的声音。

偶尔换个发型

是时候给头发换个新造型了，只要能让自己变得更漂亮，你一定不会拒绝做出改变吧？你可能烦恼于不知道自己适合什么样的发型，或者近期流行什么样的发型，没有关系，把这些交给你的发型设计师就好，跟他提出你的要求，最后肯定能找到一款或前卫，或精美、细致而又有个性，最重要的是特别适合你的发型。

如果你是鹅蛋脸、长脸、菱形脸的女生，发型师会建议你试试浅棕色长刘海蓬松鬈发：完全遮住额头的长刘海，配合脸颊两侧的蓬松鬈发，塑造可爱的鹅蛋小脸；微卷的发丝，随意地蓬松以后，立即让你变得青春动感。如果你想做具有灵性的淑女，红黑色梨花卷就是你的最佳选择：刘海和内卷发丝，都会收缩脸形。自然的黑色秀发上漂染几绺红色，让文静温柔的你也能时髦潮流。鬈发永远都是最具时尚感的发型，大波浪鬈发，蓬松有型，展现出性感魅力的小女人的味道；蓬松自然的小鬈发，让造型更洋气时尚……

每个女孩都可以有自己的特色。略显恬静的梨花头，让你更显得柔顺乖巧；柔顺的中长发，表现出温柔细腻的女人味；中分刘海凸显知性的女人味，二八分的长刘海，呈八字形覆盖在脸颊上，起到很好的修饰脸形的作用，适合各种脸形……

头发颜色的改变将使你整个人看上去完全变了样。

当你拥有一款独特的发型时，会受到大家的关注和赞美，它就像一张抢眼的时尚名片，让大家一眼就记住时髦的你。

一个人看一场电影

观看一部让你完全放松的电影，就像是和一个突然造访的老朋友促膝而谈。

结束一天的劳累，安安静静地蜷缩在沙发里，为自己斟上一杯酒，欣赏和体味别人演绎出的别样人生，欣赏之余，有时候也会引起内心的震动或是思考。给自己一个机会被银屏上的光影细节所触动，跟着剧情黯然神伤或者怒发冲冠。电影本身是一种艺术的表现方式，但是它源于生活，于是我们容易被牵动、被启发、被感动。说不定我们的人生也会因此而得到一种启迪，让我们反思自己，学会更好地生活。

一个人看一部深刻又经典的电影，不光会被剧情震撼，还会在银屏中找回自己。又或者你想哭就哭，想笑就笑，没什么是你必须要顾及的。

一个人看一部电影，你会认识到只有经历离别，才能积淀成长。你将学会坦然面对过去，继续憧憬未来。

每个人都有软肋，但是每个人也都身披盔甲。一个人看一部电影，你也许就会发现无论人生路上多么熙熙攘攘，有时难免会孤身一人：总有一条路，只能一个人走；总有一首歌，要一个人唱；总有一些风景，要一个人路过；总有一些事情，需要一个人扛。

不要畏惧孤单，它是奔向美好的催化剂；不要恐惧黑暗，它是黎明的前奏。生命会给予你最公平的答案，学会享受一个人的浮沉清欢，享受一个人的细水长流。一个人看一部电影，短短的数小时，你也许能从中找回那个曾经的自己，也许会体味整个人生，重拾年轻时的梦想。

瞭望星空

　　星座是来源于拉丁语的词语，意为"星星的组合"。整个天空共布满88个星座，大部分的命名来源于古希腊传说，虽然我们所识别出来的形状和它们的名字大相径庭。当然，如果你只是为了欣赏暗夜的美丽，就没必要在意这些，也没有必要把它们全部都记住。

　　在寂静而又晴朗的夜晚，停下手边的工作，走出门，抬头瞭望星空，想象心中思念的人也在同一片星空下；或者走到阳台倚栏而望，想象是否古人也曾这样做过？在万家灯火的映衬下，星空却并不黯然失色，满天的繁星，给人一种震撼和敬畏的感觉，让人感到了自己的渺小，感觉到自然的伟大。让思绪随着点点繁星随意游荡，虽然寂寞，却内心宁静。

慢慢品味一杯茶

心灵的平静是一股强大的力量，它可以让我们约束起杂乱的想法，从喧嚣的尘世安然抽身，也能让我们安心地活在当下，而品茶时就需要这种平和冷静的心境。

轻啜一口茶汤，任那润滑清淡的茶汤在舌尖上滚动，它仿佛一股温热的暖流，一直沉入我们的心底。在纷乱的世界中，给自己一段时间，细细品味茶中的香气与浓浓的滋味，回到内心深处细细地体会生命的奥秘，这无疑是一种追求平静的最高境界。

身体的彻底放松可以让我们的思绪变得清晰有条理，不再因各种外界的因素而变得混乱不堪。这也就是我们常常绞尽脑汁也记不起来的事情，在不去刻意想的时候就自己跳出来的原因。

当你烦躁时，不妨品一杯茶，聆听心底最真实的声音；当你愤怒时，不妨品一杯茶，它会让你躁动的心慢慢归于平静；当你悲伤时，不妨品一杯茶，你会发现原来生命中还有那么多美好的事……静静地品茶，你的世界也会多了一处平和的角落。

给自己制作一个幸运符

"心中装着美好的愿望，幸运之神才会光顾你，相信自己，你就是那个幸运宠儿。"

试着自己制作一个幸运符吧，一串项链、一副手镯、一枚戒指，甚至只是一个书签，都可以成为幸运符，只要它被你赋予了某种象征意义。

自制幸运符，最主要是收获它所带来的好心情，不管它是不是会灵验，只要是自己制作并送给自己的，它的意义就比随便买来的物品重要许多。上面还可以写上你最想听到的祝福语。别人的祝福也许总是不尽如你意，你可以自己动手满足自己。因为是给自己的，这样也会少了很多顾虑，大胆地进行设计和发挥，只要是你能想到的，都可以尝试一下。

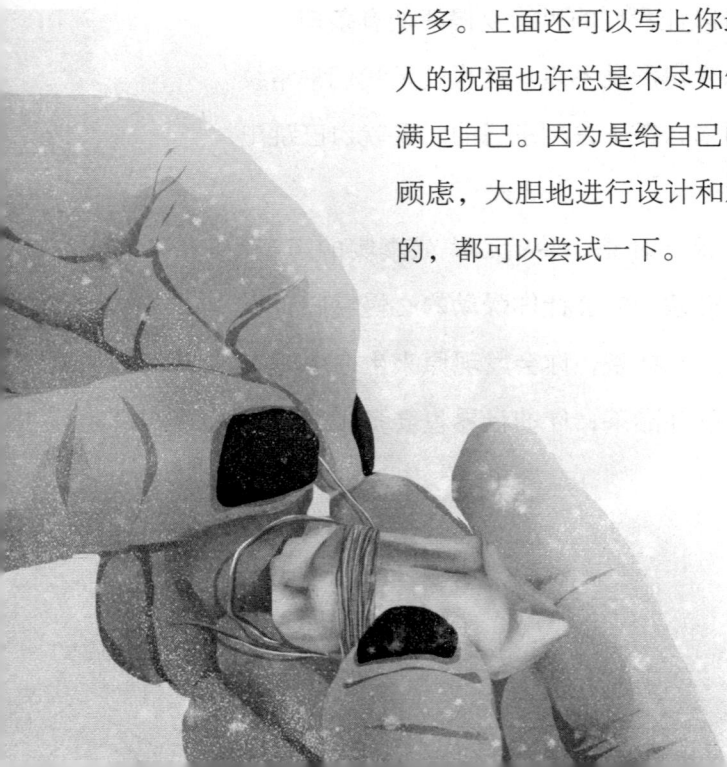

越简单，越快乐

对着镜子微笑

美好的一天从早晨的好心情开始。早上的好心情就好像一顿营养丰富又美味的早餐一样，带给人们最有利于心灵健康的滋养。

你听，不知名的鸟儿，在窗外欢快地鸣叫，呼朋引伴地展示着婉转的歌喉。你看，阳台上的太阳花，尽情地舒展着茎叶，挑着零星的花朵，一切是那样清新和谐。

对着镜子笑一笑吧。这样的笑容有着神奇的力量，它会增强你的自信，让你有足够的力量和坚强去面对一切。对着镜子，你可以回忆过去一些好笑的事来逗自己开心，或者憧憬一下未来生活的美好，此时两边的嘴角便不由自主地上扬。

这样笑的次数多了，你就能够发现它潜移默化的力量。当你发现，镜中的自己笑得是那么自信、那么美丽、那么轻而易举的时候，你的幸福就真正掌握在了自己手中。

免费升舱

免费升舱，不花钱就能享受超值服务，是很多出行者梦寐以求的。通过对来自全球范围内 700 余名空乘人员的调查发现，高达 61% 的空乘人员表示曾经给乘客安排过免费升舱。如果你在疲惫的旅途中能够获得免费升舱的机会，该有多么美妙！

免费升舱的可能途径有哪些呢？

如果预定当次航班的人数超出限制，那么不可避免地有人会被安排升舱。

当然了，你不可能从经济舱被安排到头等舱，如果你本来是在经济舱，只能被安排到级别稍微高一点的机舱。如果你的经济舱机票本来就比较贵，那你被安排到商务舱的可能性也较大。

如果当天是你的生日 / 蜜月旅行日 / 结婚周年纪念日的话，及时告知乘务人员，那么你有可能被安排到升级的机舱。但是不要在你的出生日期上撒谎，因为身份证或者护照会出卖你。

为心爱的人写首小诗

虽说爱不需要繁复的形式，表达感情的方式却是很重要的。不妨试着为爱人写一首诗，即使你觉得自己没有多少文学细胞。你可以借鉴一个你比较喜欢的诗人的作品，甚至可以模仿他的语言风格、文体特点。事实上，这一切都不重要，唯一重要的，就是你对爱人的心意。你写出的句子不通顺又何妨？你写出的东西简直不能叫诗又怎样？"为你写诗，为你静止，为你做不可能的事。"就是因为你不精通，你不会，而你却努力去做了，才越发显得弥足珍贵。

在你提起笔来给爱人写诗的时候，心里会有一种平静的感觉。那些留在纸上的字符，那一种怡然的心境，无论对写的人还是读的人，无疑都是一种至高的享受。

抬头看见火烧云

　　还记得小时候看晚霞的傍晚吗？太阳已经褪去了正午的咄咄逼人，仿佛蒙上了一层面纱，以少女似的含情脉脉的眼光温柔地注视着夕阳下的每一个人，那令人惬意的暖意融融是对辛勤工作一天的人的抚慰。走在回家的路上，大家都会不自觉地抬头看天，看看天上光与云演绎的一个个传奇故事。小孩子最是欢呼雀跃，和身边的小伙伴指着天上的朵朵云彩，就像小鸟一样叽叽喳喳闹个不停，那朵云像狗，那朵云像人，这朵云和那朵云在追逐嬉戏……孩子们充满奇思妙想的童心里，有着比任何世界名著都精彩绝伦的故事。

　　一会儿工夫，火烧云下去了。笼罩在你心头的阴云也下去了，多美好。

偷得浮生一日闲

一出门就遇到了大好的天气，不如就请一天假吧，找点自己喜欢做又不耗体力的事情，让大好的天气里面拥有大好的心情。一想到办公室里的同事们还在奋力地忙碌，而自己已经从那没有尽头的世界里逃出来，兴奋之情难以言表。

站在熙熙攘攘的街头，身边流动的都是匆匆忙忙的人们，你为完全放松地放慢步调而感到惬意，慢慢走着，不着急、不着慌，因为这一天，是完全属于自己的。

随后可以去电影院里看一场好看的电影。动作片不错，在打斗之中将心中的不满发泄得淋漓尽致；爱情片也行，看看影片中的山盟海誓，你会发现原来生活还是这么甜蜜；喜剧片很棒，疯疯闹闹开怀大笑，既然开心是一天，不开心也是一天，那干吗不开心点儿；文艺片也可以，让心情的节奏慢下来，在电影中体会导演的用心良苦；动画片很好，童心未泯返璞归真，孩子的世界是最清澈最知足的。跟随主角们一起哭一起笑，一起幸福一起痛苦，不管结局是好是坏，心情都会随着它的结束而轻松起来。

去逛逛街也不错，是时候好好地慰劳一下自己了。去试

一件全新风格的衣服，不
要害怕改变，改变有时候能
带来奇迹。要是合适就一定要
买下来！你没有盲目冲动，也不
要犹豫不决，适合自己的才是最好
的，而适时改变自己则是必需的。要
不，去换个发型。看着镜子中不一样的
自己，自然眼前一亮，心情大好。让改变
成为这一天的主题词，明天将会是全新的
一天！

　　偷得浮生一日闲，在这一天里，你
可以做好多好多的事情，当然都是你自
己喜欢的，也可以什么事情都不做。
今天，没有时间的紧迫，没有手机的
催促，你释放压力，你放松自我，
你点燃激情，你热爱生活。至
于明天的事，明天再说。

电话响了，发现是刚才在想的人

你的脑海里不停地出现朋友的脸：笑着说话的，生气的，皱眉的，得意的，甚至还有哭泣的。他曾经在你的生活中占据着很重要的位置，现在你们分开了，你发现对他非常想念。不知道他现在过得好不好，和你分开后有没有不适应，现在是不是也在想你……

手机的屏幕亮了，电话铃声响起："我们都是好孩子，最最善良的孩子……"难道是他来的电话？把手机拿过来，上面跳动的号码不正是你刚才想的那个人的吗？果然是心有灵犀呀！

赶紧接电话吧。

这种感觉真是妙极了！

在旧衣服里翻出零钱

整理自己衣物，清理出去一些不想穿的或者不能穿的，看看哪些东西需要添置，结果翻出了一堆旧衣服。在扔掉之前，手伸进衣兜里摸索一番，看里面有没有自己曾经遗留的物品。

牛仔服口袋里有一包已经开封的纸巾。因为时间太久远，纸巾已经有碎的了，有的纸巾碎末粘到了口袋内侧的布料上。接下来还会有什么呢？上衣的口袋里有一条已经变形的口香糖，别的衣服呢？一张某年某月某日的超市购物小票，一个不见很久的小发卡……看看这是什么？一张二十块钱的纸币和几个一毛钱的硬币！看来这是今天最有价值的发现了！

在旧衣服口袋里翻出了零钱，简直比自己捡到钱还要让人激动，是不是？有没有一种找到宝藏的幸福感？

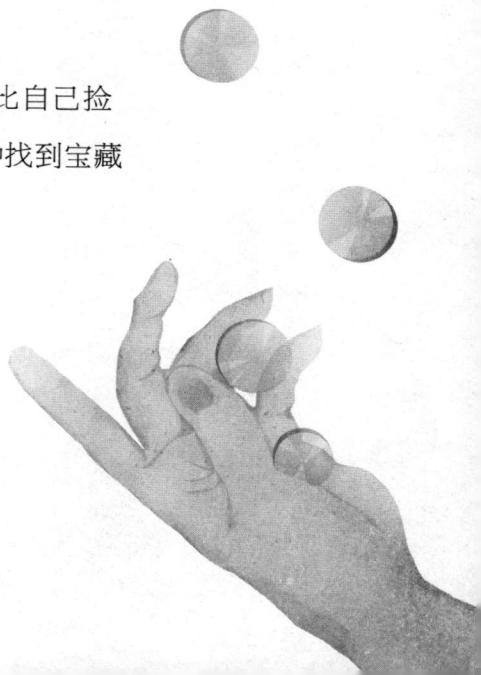

准备上楼时发现不需要等电梯

当你步入1楼电梯间的时候，发现电梯已经来到1楼，前面等候的人有序地进入了里面，而这时候电梯门正要缓缓关上。你一个箭步冲过去，无论此时你脚上穿的是什么鞋，都发挥了跑鞋的效果，在电梯门即将关上的那一刹那，你按下了按钮，"叮"的一声，门又开了，你成功地赶上了这一班电梯，无须再等待！

讲了一个特冷的笑话，有人笑了

记忆中的青春期，漫长又短暂，花样年华的男孩女孩们一脸别扭地和老师家长们"斗智斗勇"，一遍一遍地祈祷自己能快快长大，以便拥有主宰自己人生的权利。然而，在不经意间，时间就从指尖一滑而过，只留下青春的尾巴扫过后的淡淡痕迹。

那时候的我们喜欢装作一本正经的样子，假惺惺地玩着深沉，嘴里讲着冷笑话，觉得这样子很酷。笑话的内容实在让人不敢恭维，可我们却自我感觉良好地继续下去。长大后，已经很少再有那份心情去搜寻够冷的笑话来耍酷了，而听得懂冷笑话的对象也已经各奔西东。

终于，在某个适当的场所，在某一适当的时机下，你心中储存已久的笑话脱口而出。话音刚落时是一段长长的寂静，随后一声接一声的笑声响起："平时没看出来，你还这么幽默啊？不过你这个笑话，嗯，够冷！"这个时候的你，心突然一下子飘起来了，不仅仅是因为得到了别人的夸奖，还因为仿佛积攒多年的情绪一下子宣泄了出来。原来，能够像当初那样，对着别人讲出一个冷笑话，有人懂了、笑了，是这么美妙的一件事情！

让午间小睡为你"提神"

现在我们的生活节奏越来越快，工作压力也越来越大。大家白天忙着上班，为各种事情疲于奔命；晚上还得加班，甚至通宵熬夜也成为家常便饭。

现代社会很多人都陷入睡眠不足的苦恼之中，生活是昼夜颠倒的，睡眠质量很差，严重影响身心健康。

睡眠不足会对我们的身体造成不同程度的伤害。想一想自己是不是在上班的时候总是觉得脑袋昏昏沉沉的，注意力难以集中，思维总是显得有些迟钝，明明很小的问题也会让人理不出个头绪……

另外，睡眠不足还容易引起生理方面的各种不良反应，加速我们的衰老。本来晚上 11 点到凌晨的这段时间，是人体各内脏器官的休息时间，结果因为我们的熬夜，身体器官得不到休息，仍然要超负荷地运转。于是黑眼圈让我们的双眼失去了神采，暗黄的脸色甚至色斑遮盖了我们本应有的青春光彩。

长此以往，我们就可能形成习惯性失眠，然后免疫力逐渐下降，心情沮丧，罹患各种疾病，比如糖尿病、心脏病等的可能性也大大增强。总之，健康的睡眠是身心健康的重要保证。

当夜间睡眠质量得不到保证的时候，午间小睡就显得尤为重要。它可以缓解我们工作了一上午的紧张神经，使心血管系统得到放松舒缓，让我们在应对下午的工作时，大脑更加灵活，反应更加迅捷，精力更加充沛，情绪也更加饱满。

而且每天午睡，还可以提高免疫力，增强记忆力，有助于平衡体内的激素分泌，显著降低心血管疾病的发病概率，同时还可以改善我们的心情，缓解抑郁等不良情绪。总之，每天只要午睡很短的时间，收到的效果就像休息了整整一夜那么好。

将手表拨快 5 分钟

将手表拨快 5 分钟，每天提前 5 分钟开始过，每件事便比其他人多出 5 分钟的准备和完善时间。

诚然，相对于每天的 1440 分钟来说，5 分钟的时间可谓不足挂齿。我们尽可以每天在工作之余花上 5 分钟的时间来休息，可以用 5 分钟的时间去等一班车，可以用 5 分钟的时间叫一份外卖——看起来都是日常生活中最基本、最简单的一些事情。我们的一天其实不过是由那么一件一件琐碎的小事拼凑而成。由八个 5 分钟凑成一堂课，由两个 5 分钟凑成一个课间，花许多个零星的 5 分钟用来发信息、传邮件……因此当我们习惯对零星的时间不在意，对凑成 1440 分钟的每一个 5 分钟不挂心，就在无意中放弃了无数让自己变得更优秀的机会。

将手表拨快 5 分钟，整装待发，做好充分的准备，在无论何种情况下都留给自己一个缓冲的时间，就能够在原来的基础上做得更好。每天比原定时间提前 5 分钟起床，提前 5 分钟到公司或学校，在忙碌之前做好准备，保持饱满的精神，不慌忙不混乱。

看到孩子的笑脸

　　粉嫩的脸颊，红润的小嘴，"咯咯"地笑着，如银铃般清脆悦耳，让人觉得内心柔软。微微泛红的脸蛋像一朵盛开的小花，灿烂得令太阳都黯然失色，仿佛是这世间最美的天使。

　　看到孩子们的笑脸，你会感动，你会陶醉，你会放下所有的疲惫。会从孩子那灿烂的笑容里，感受到一种幸福。孩子们的笑脸是一种安慰。

半夜渴醒，手边刚好有一杯水

也许是晚饭吃得太咸，或是白天喝水太少，或是因为天气太干燥，你在半夜被渴醒了。不想起身，嗓子又干得难受，两片嘴唇都粘在了一起。没办法，还是起床喝水吧！

当你睁开惺忪的睡眼，有什么比发现有一杯凉白开安静地摆放在你手边更让你感到惊喜的呢？

你来不及多想，赶紧把水咕咚咕咚一饮而尽，当甘甜的水滑入喉咙的那一刻，世界真美好呀！

快要睡着前，有人帮你披被角

夜晚有一点冷，你迷迷糊糊正在睡觉，感觉有人走进了房间。即使很轻的脚步声和衣服摩擦的声音，也被你的耳朵敏锐地捕捉到。可是你醒不过来，或者不愿意醒来。

来人并没有要把你叫醒的意思，只是抬起手，替你理顺凌乱的发丝，接着整理一下稍微有些下滑的被子，将其拉到你的下巴处，帮你披了披被角。然后，又慢又轻的脚步声伴随着轻微的关门声渐渐消失，你彻底地陷入甜美的梦乡。

半梦半醒的你，没来由地感觉到很暖很温馨，不自觉地露出一丝笑意。

听见别人说"谢谢"

　　走路的时候，放慢脚步，多看看周围的人；散步的时候，带个袋子，顺便弯弯腰，把路上的垃圾清理一下。起床出门，给不开心的朋友打个电话说一声早安；下班回家，给失眠的朋友发条信息。当你微笑的时候，真心地希望全世界都一起微笑。

　　当你迈着轻快的步伐享受舒适的心情时，把你的好运带给其他人，那该是更令人高兴的事情。被帮助的人，会感激于你的慷慨付出，微笑着对你说"谢谢"。这微笑，这感谢，就是最珍贵的收藏了。

整日宅在家里

难得的假期，你想好好放松一下，如果实在不想出门，不想去忍受嘈杂的人声车鸣，那就待在自己的小窝里，享受做一天宅男宅女的自由自在吧。早上睡到自然醒，伸个大大的懒腰，算是向阳光问好。不用在脸上涂脂抹粉，让皮肤自由地呼吸，也不需要穿着正装去搭载公交车。

你可以泡上一杯喜欢的咖啡或者清茶，慵懒地躺在沙发上，看看电视，真是自在又惬意。

你也可以趁机收拾一下房子，是不是很久都没有整理了？来一个彻底的大扫除也是可以的。如果你只是想好好休息，那么可以在房间里开着美妙的音乐，坐在沙发上看看书。当然，如果觉得一个人闷得慌，可以找几个同样闲得无聊的朋友，煲煲电话粥。

自己的心情自己做主，自己的生活也可以自己调整，如果你愿意，你完全可以拥有这种美妙。

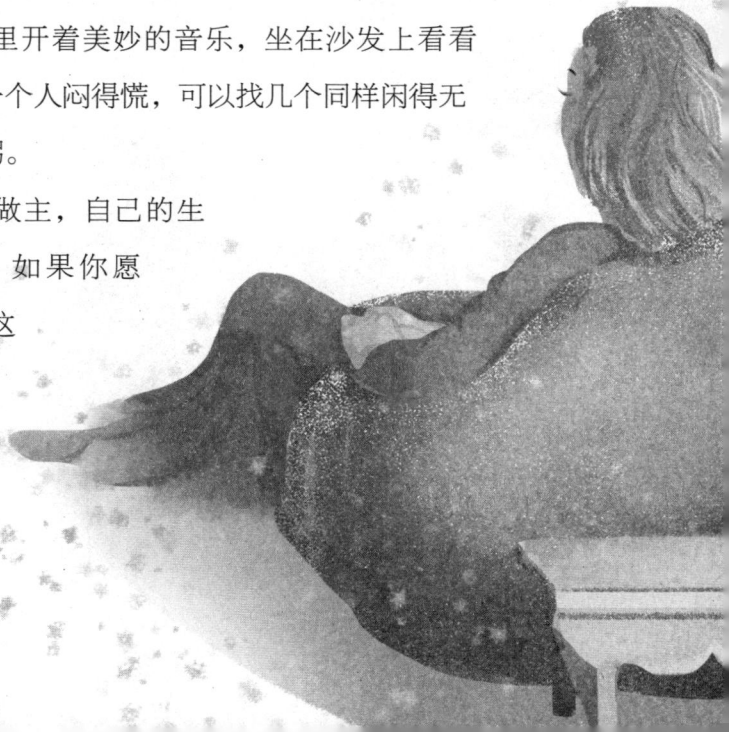

读一本让内心平静的书

读一本好书，像乘上一艘万吨巨轮，载着我们从狭隘的心的小溪，驶向波澜壮阔的思想的海洋。读一本好书，像擎起一支熊熊燃烧的火把，即使在没有星光也没有月色的黑夜里，你照样能够健步如飞而绝不迷途。读一本好书，可以指明一条道路。读一本好书，有如与一位绝好的友人在一起待上几个时辰，即使一语不发，只默默感受那无声的宁静与温柔，心里也能踏实熨帖。

一本好书，一杯清茶，一桌一椅，静心坐下来，和书中的人物互换心情，和睿智的作者喁喁私语。这种生活，只怕

连神仙也不会再挑剔什么了。难怪罗曼·罗兰要说:"和好书生活在一起,我永远都不会叹息。"原来,这也是一种修炼,借助书的力量,修炼我们的心绪。

当你拿起一本好书,认真阅读,会感觉仿佛进入一个绚烂多姿的缤纷世界。有沉思,有感叹;有激昂,有欢笑;有火山爆发,有狂飙倏起;有淙淙细流,有洪波万里;有云卷云舒,有潮起潮落……你也许还会跟着书中的情节感到紧张、愤恨,甚至读到情致浓时赔上自己的泪水,跟着主人公一起动容,你在书中可以过另外一种人生。

你更会觉得读好书的感觉就仿佛徜徉于一段经典名曲。不觉间,音符翩飞,旋律起伏,节奏纷沓,书人合一;一忽儿,白雪阳春,水清月朗,天高云淡,心若止水。这时候,世界不再喧嚣,内心不再浮躁。

完成一次骑行

　　选择不用上班的一天，不去挤地铁，也不去乘公交，更不去搭出租，而是骑车出行。给自己设定一个地点，不要太近；给自己设定一个时间，不要太短。然后，手握车把，掌控方向，双脚踩动，肩挎背包，就这样，听着风声，从一个地点抵达另一个地点。因为距离有点远，但是不赶时间，所以你可以想快就快想慢就慢，当你抵达的那一刻，不论是汗流浃背，还是大喘粗气，都能感到无限荣耀，倍感神清气爽。

自己做童话故事的主角

小时候，最喜欢听童话故事，《海的女儿》《天鹅湖》《格林童话》《阿凡提的故事》……故事里的好人都是勤劳善良又聪明的，时时都有好运气；坏人都是懒惰邪恶又愚蠢的，时时都会交厄运。童话的结局都是好人最终战胜坏人，坏人受到惩罚。

听着故事，我们常常对故事中的主角充满了羡慕，羡慕他们拥有智慧与美貌，羡慕他们获得了周围人的肯定和爱戴，羡慕他们超乎常人的非凡经历和传奇人生，羡慕他们从此"过上了幸福快乐的日子"。羡慕到了一定程度，总是偷偷期盼着自己能够取而代之。小时候，每个人心中都有一个童话，渴望自己能变成里面的主角。长大后，虽然我们不再迷恋童话，仍然还会想起那个梦，还有想变成童话主角的渴望。

其实，只要你愿意，完全可以一偿夙愿，当一回童话故事中的主角。那就是自己写一篇童话，以自己为主角，按照自己的愿望写就自己的传奇人生，让自己在童话故事里过足瘾。

你有什么样的愿望，都可以在这个童话里一一实现。自己做童话故事的主角，你会变得更加坚强，因为你知道童话中的结局，你最终会克服所有的困难和苦痛，你会对生活充满期待，对未来充满希望。童话里的美好会激励你继续努力。

　　既然成为童话的主角，那就认真地扮演好这个角色。现实中也记得要抛开犹疑和困惑，怀着对生活的满腔热情和信仰，认真写就你自己的童话故事。

种花种草种春天

人们总是爱种一些花花草草的。

你也许没有足够的时间去看风景，但依然想要看到鲜花盛开，小草儿一点一点地生长，并试图通过这些来赶走压抑的情绪。那么，亲手种一些花花草草吧。哪怕只是小小的一盆，有绿色的叶子，偶尔会开的小花，它们依然能带给你宁静、快乐、生机和成就感！

不要因为觉得侍弄花草是一件麻烦的事情而选择放弃。你以为错过的只有泥土，其实，你错过了整个生活。

它可能是牵牛花，可能是蒲公英，甚至是吃完西瓜后的西瓜子……只要是你能想到的，都可以满怀期待地将它们埋在土里。然后等着它们生根、发芽、开花、结果。

　　不管出于什么目的，开始种一些绿色植物，看花盛开，看草生长，看自己亲手留住的春天都是一件美好的事情。可能一开始你会觉得很麻烦，但是只要你能够耐着性子用心去对待每一盆花花草草，它们回报给你的将是异常丰满的生活。

秋千荡到最高处

　　孩子们似乎总是没缘由地喜欢荡秋千，觉得不用像小鸟一样展开双翅就能体验飞起来的感觉，觉得风的声音吹在耳边格外动听美好，有小伙伴帮着推一把，就会荡得更高、更有趣。

　　长大后，看到小孩子在越飞越高的秋千上飞扬地欢笑，虽然也很怀念儿时的快乐，虽然也有些跃跃欲试，但总觉得这已经是一种远去的游戏，是小朋友的专利。

　　谁规定荡秋千就是小孩子的专利？

　　去吧，像孩子一样，把秋千荡到最高处，越高越好，像梦想一样高，跟记忆中一样高。荡着秋千，让整个身心都沉浸在一个梦幻般的世界，仿佛又回到了小时候，怀抱着满满的梦想，全身都是奋进的力量。这时候，你有没有幸福得想笑？

生活琐碎，
愿你永葆赤诚之心

开始一段没有目的地的旅行

趁着自己还年轻，趁着对生活还没有完全麻木，经历一次没有目的地的旅行吧。把它当成一次冲动的逃跑也好，自我放飞也罢，总之要让身心重获自由。既然想要体会身心的自由，那这次旅行就不要定下什么目的地，没有非到不可的地方，没有非看不可的风景，也没有非做不可的事。到了某个地方，看到车窗外那蓝得似海的天空下绿草如茵，繁花似锦，你想下车了就可以下车。你会发现，原来自己可以把生活的节奏掌握得如此恰到好处。这个地方是偶然发现的惊喜，有着正合你心意的亲切感。再也没有无处不在的恼人的事情，自由的灵魂激动得就像那匹驰骋在草地上的骏马，要冲破你的胸膛。

这是一次完美的邂逅。没有事先深思熟虑的计划，也没有必要去担心以后的结果。享受此刻，才是你对大自然最好的报答。而且，在那个不是目的地的地方，你可以有好多时间去慢慢邂逅那里的浪漫，比如那儿的人、那儿的歌、那儿的美食、那儿的温情。此时此刻，此情此景，你再也不是那个浑浑噩噩的自己。

灵魂的翅膀是任何东西都不能绑住的。你终于明白了自由的重要，终于懂得了要怎么保护自己独立的人格。寄情山水之间，翱翔于九天之外。在这次没有目的地的旅行中，你最惊喜的邂逅是发现了一个更好的自己。

给自己的梦想列一份清单

　　每个人都有自己的梦想，都希望能梦想成真。它是一个人内心最强烈的渴望，是支撑人们努力拼搏的强大动力。我们在追求未来的过程中会迷茫，会失去方向，但是，只要梦想还在，就会对未来多一份信心，少一些彷徨，少一些迷茫，能够让自己看清前方的道路，一直努力坚持，不轻易放弃。人生在世，清楚自己的梦想是什么，然后努力去做，在实现这个梦想的过程中，我们会获得一种内在的平静和充实。

　　没有梦想的人生是不完整的人生，没有欣赏过梦想之路上的荆棘岔路、香花遍野，人生会少了很多变幻的色彩。梦想是如此重要，所以，你不妨为自己的梦想列一份清单，为人生描绘出一幅美好的蓝图。

　　在给自己的梦想列清单之前，请仔细想想究竟什么才是值得你追求的梦想。你的梦想不应该是别人强迫你做的那些事情，比如父母要求你从事某种职业，老板要求你达到多高的业绩。梦想是你自己真正喜欢的东西，真正想要到达的目的地，它能点燃你人生的希望。找出自己真正想要什么，其实也是在认清你自己，遵循自己的内心。

也许你的梦想离现实有些远，短期内还无法实现，有些甚至还要被束之高阁。千万不要气馁，你要重新定位自己，并尝试改变一下策略。你不只是要写出自己最终想要实现的结果，还应该明确这个结果的定义，以及制订一个切实可行的计划，让梦想在每一个实现阶段都有可以"量化"的标准，这样既能够鞭策你不半途而废，又能够以已经获得的成绩激励你继续奋斗下去。

给自己的梦想设定一个实现的期限，不要无限期地拖延下去。这个为梦想设定的期限，不会成为阻碍你完成梦想的绊脚石，不是一种无形之中束缚你的负累，而是你实现梦想的原动力。

给自己的梦想列一份清单，在列清单的时候想象一下这些梦想将来成为现实的情景，你一定忍不住甜蜜地笑吧？

偶尔回归小时候的心情

当我们用稚嫩的双手折出并不算精致的纸飞机时，当我们缠着长辈要去游乐园的时候，当我们在马路上舔着棉花糖的时候，成长的最初过程都是纯洁无瑕的。就这样，风风火火，度过寻常又独一无二的童年生活，然后与外界有了关联，成为现在的我们。多年以后，当我们回忆这些纯洁无瑕的时光，也就不免感叹那时年少无知的可爱，也就不免留恋那些可以肆无忌惮又随心所欲的欢愉情绪。

若是不愿仅仅在脑海里怀念，那么，找一天换上大短裤，穿上宽松的大 T 恤，跑到海边，跟能疯能闹的朋友们一同去垒一回沙堡吧，也许能回想起童年的小秘密也说不定哦。也许你会回想起来，曾经和一大帮小孩一起在沙滩上踩下深深浅浅的脚印，把好脾气的男生埋在沙子里，也曾经挖了大大的洞，一直挖到洞里都有及膝的海水。海水咸咸的味道，海风轻柔的声音，仍旧没有改变，可是孩童时代已经过去很久。这样想，恐怕是有些惆怅吧。那么看看广阔的大海，捡起贝壳想起当年唱过的歌，听海浪拍着沙子的声响，心情是不是又回归到当年了呢？

做小孩是件幸福简单的事情，只需要简简单单，考虑长大要成为一个什么样的人，把能够玩的游戏都尝试一遍，把一切能唱的歌都学会，就可以了。仿佛只要摇着脑袋背背诗词，偶尔给大人们表演一个节目，听他们的话，就是个乖孩子，就能够被认同，被宠溺。不似如今，付出巨大的努力，花费过多的时间，兴许也不能让自己满意。所以，偶尔能够回归到小孩时候的心情是件多幸福的事情。压力太大的时候，心情压抑的时候，感到孤寂的时候，或者不知所措的时候，多给自己一些这样的释放，也很好。

若是心总保持着孩童般的纯净，那么人也便活得安然而满足了。经常让自己重现童年时的心情，抓住这种美好的感觉，便会觉得，我们还正年少，还有很多美好可以期待。

看望老师

　　看望老师，并不一定要带多么贵重的礼物，一束康乃馨就能代表你心中的感恩，因为老师从来没有想着能从你身上得到什么，所以，代表着祝福和感激的鲜花反而让他们更愿意接受。

　　在去看望老师之前，可以事先给老师打个电话，送上你的问候，并表示你想去看望，约好具体时间。一定记住约好的时间，按时到达，无论你有多少理由，都不要让老师等待。如果你能约上几个同学一起去拜访，相信老师会更高兴，场面也会更热闹。见到老师后，如果可以，给老师一个热情的拥抱，问老师身体好，然后报告你现在的境况，工作和生活各方面都可以谈。可以回忆一下老师当年对你的教诲、对你的帮助，感谢老师的育人精神，并询问老师现在的工作情况。

　　多年之后再见到老师，你是不是有种见到亲人的感觉？看到老师昔日的容颜已经老去，头上的乌丝早已变成了白发，你是不是有种很心酸的感觉？

联络久违的朋友

我们一路走来，遇到过很多人，走失的人走失了，相逢的人再相逢。

人生的每段时期必定有着不同的生活，也许换了地点，也许换了心情，于是周围的人群也会变得不一样。随着我们的成长，那些能够陪伴的、能够倾诉的、知心的，也跟着我们的变化而变化着。

生活越来越忙，路越走越远。回头看看当初的起点，无限感慨惆怅。老朋友们都有了自己的生活了吧？对工作还是像老情人一样又爱又抱怨吗？翻开通讯录，你也许会看到某个久违的名字，曾经你们也许一起坐在教室里说过知心的话，曾经也许你们一同唱过歌、流过泪、开过玩笑，只是这些年没有联络。你很想知道他们过得好不好。那么就用你的方式，发个短信，或者打个电话，哪怕只是一封邮件、一条留言，问声好。

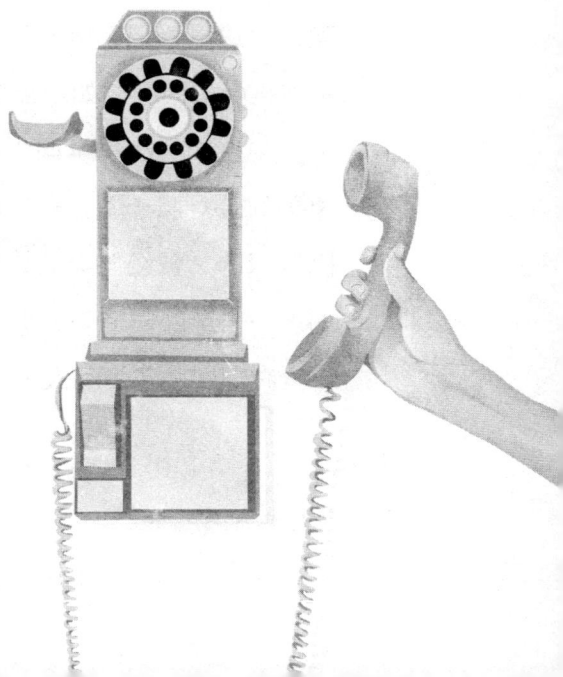

参加一次小学同学会

很多人在收到小学同学会邀请的时候，总是会生出犹豫：想起孩提时光，虽然那时候的我们淘气调皮，打打闹闹，但依旧笑容满面、兴致勃勃，好像每个日子都镀了金边。可是——，权衡再三，还是觉得应该婉言推托。那个时候，年龄太小，到如今，许多人恐怕早已连名字都叫不出来了。与其在人群中呆呆地坐着尴尬无比，还不如相见不如怀念。

翻翻小学毕业照来看看吧，回味一下那些年你们一起经历过的事情：迷恋玩具手枪，还是变形金刚？是洋娃娃，还是过家家？那些年，你跟哪几个小朋友比较要好，你们又做过些什么游戏？这孩提的时光，纯粹得美好如初。而现在呢？照片里、记忆里的每一个小孩子都已经勇敢长大，当年那些稚嫩的面孔，如今都变成了什么模样？

去参加一次小学同学会吧，看看现在的面孔，与当年印象里的脸对照一下，也许能够认出几个来。尤其是当年交情比较深的、曾经同桌的、总是跟你比较学习成绩的、吵过架的……当年的矮个子男生现在成了英俊的"高个子"，昔日的小女孩现在成了女强人……一晃眼，时间过得真是快。

开列一份需要舍弃的清单

　　在乐观豁达的人看来，生命其实很简单，只要追求自己真正喜欢的有价值的东西，不被金钱、权力、地位所奴役，就可以活得很轻松、很快乐。而被外物蒙蔽了双眼的人，则会苦恼于生活的复杂、混乱和忙碌。有那么多的东西要去追求，有那么多的人要去应酬，大部分时候都周旋于各种利益纠葛之中，会渐渐迷失自我。

　　我们都知道，人的精力和时间都是有限的，所以才应该把它们花在更有意义的事情上，可偏偏有的人要用这有限的精力和生命去填补无限的欲望黑洞。不管是他的时间，

还是心灵的空间都被占得满满的，哪里还会有地方留给生命中真正重要且美好的人和事呢？

为什么不尝试用减法原则去生活？拿张纸出来，好好想想哪些东西是你生命里真正需要的，然后把那些不需要的或者可有可无的，从你的生命清单里剔除掉，列出一份关于舍弃而不是争取的清单，让自己获得一个足够宽敞的空间来好好享受生活。

在这样一张清单里，你可以先从身边最实际的列举起。每次早上出门前是不是都会在衣柜里找好久今天要穿的衣服，一边找还一边纳闷，衣柜怎么就被塞得这么满？既浪费了时间，又影响了心情。干脆找个空闲的周末，拿出清单来，打开衣柜重新整理整理。再看看家里还有哪些是需要清理的，写在清单上，比如一些过期很久的报纸杂志、用完了的沐浴露瓶子、不要了的鞋，等等，然后计划个时间给家里来个大扫除。清理完之后，屋子里似乎一下子干净了很多，也宽敞了很多，心里顿时也舒坦了。

其实应该被清理的还有你的过去、你的回忆。何不也找一个晴朗的好天气，悠闲地坐下来，梳理一下自己的记忆？脑海里那些令人不愉快的人和事，忘记吧。清除记忆中的那些不愉快，才可以轻装上阵，大步流星地迈向充满阳光的未来。

学会用减法原则去生活，舍弃外在的负累，你才能够更好地享受人生中不可错过的，珍惜真正值得珍惜的。

珍藏一件值得一生回味的物品

人的一生说长不长，说短也不短。我们或许有足够的时间去经历，或许才刚匆匆一瞥便不得不离去，唯一能够肯定的就是，任何东西都敌不过时间——人会老，情转淡，心易衰。所以，我们需要时刻提醒自己，不要忘记那时的真、那时的爱、那时的痛彻心扉、那时的喜极而泣。

人生因为有了记忆，才不致苍白。你的心也会因为那些铭记，更容易时刻保持年轻与鲜活。很多时候，我们会把自己的感情凝聚在某件物品中，因此这件物品对你来说具有不同寻常的意义。你会在那里面寄托自己或者他人当时的感受与情谊。这件物品，值得你珍藏，因为那些已经成为过去的岁月值得你回忆。你珍藏的是一份过去的记忆，珍惜的则是一段即便疼痛也很美丽的人生。

也许是你学会走路那天，妈妈兴奋地给你拍的照片；也许是爸爸不顾妈妈的反对，偷偷给你买的武侠小说；也许是祖母去世时留给你的那只银镯；也许是你童年的某个玩具；也许是好朋友在你生日那天送给你的一本相册，里面贴满了你们在一起的点点滴滴；也许是恋人送给你的一枚戒指，不在乎戒指是否贵重，只在乎和它一起放在你手心里的那颗真心……一生中有那么多值得回味的人和事、景和情。亲情、友情、爱情……它们赋予了某件物品别样的意义，你珍藏着这件物品，其实是在珍藏着那一份美好的感情。

这件很有意义的东西不一定非得是实物，它同样可以是一首表达你喜怒哀乐的歌，一场你和某个重要的人去看的值得纪念的电影。这件物品是什么形态并不重要，重要的是它里面盛放着你的真情实意。

随着时间的流逝，你可能会因为工作的繁忙、生活的琐细而暂时忘记了曾经的某个人、某件事。但是，当你不经意间看到自己珍藏的那件物品时，当时的人、当时的景便仿佛都穿越了时空，微笑着朝你款款走来。于是，往事一一浮现。你想起当时一些人的好与不好，想起当时自己正经历着的悲欢离合，想起当时那段生活的五味杂陈，内心依然会悸动。可是现在的你在经历了沧桑岁月的洗礼后，已经不再年少轻狂，不再愤世嫉俗。此时此刻，重新想起曾经的点点滴滴，会变得更豁达，变得更懂得感恩。情感，因你的珍藏而历久弥坚；岁月，因你的纪念而刻骨铭心。当从记忆中重新拾起过往，只会感觉一切是那么值得珍惜。

为自己的人生写"剧本"

人生如戏，有很多事情都非常戏剧化地发生在真实生活里，令我们猝不及防。当我们还没回过神来的时候，那些还没来得及珍惜的就已经失去。到头来再看看，自己手里的所剩无几。后悔？伤心？都没有用。倒不如自己做生活的导演，为人生写一个"剧本"，该怎么演，由你自己决定。有了剧本，便是有了安排，有了预料，以后即便失去，也不会再追悔莫及。因为，在拥有的过程中，你已经足够珍惜。

有一天当你终于在某个转角遇到自己的真爱时，你是否有勇气抓住这个稍纵即逝的机会？如果没有，你要知道，也许这次错过了就是一辈子的遗憾。人的生命只有一次，哪里有那么多胶卷让我们一遍一遍地重来？给自己写一个剧本，告诉自己，当那一天真的来临时，你将会以怎样的方式把爱意告诉那个令你心动的人。你会非常珍惜对方，好好把握两个人在一起的每一分每一秒，一起享受烛光晚餐，一起去旅游，一起看日出日落……一点一滴的爱，你都写进了剧本里，就是为了不让自己错过生命中的每一道风景。

你当然也可以把自己的奋斗经历写进剧本，因为那也是人生不可或缺的一部分。关于理想，关于拼搏，关于挫折，你是否都有了自己的打算和准备？没有计划的人生，就像不知道航向的小船，整天把光阴耗费在没有目的的漂荡上，同样付出了时间和精力，却永远也到不了该去的地方。

一份剧本就是一个计划，它能为我们的远航指引方向。让你做自己人生的导演，从此不再渴望天堂，因为你的现在已经过得足够幸福。

故地重游，寻找逝去的美好

有一个地方，似乎永远都停留在那里，任凭时间怎么飞逝，人事怎么变迁，它都一如往昔般扎根在记忆的角落里。有一种美好，永远停留在这一个地方，因为已然逝去而弥足珍贵，因为怀念而更加难忘。过去的已经无法回头，但也许还可以循着曾经的足迹，寻找回忆的斑点，在心里久久珍藏。

故地重游，让过去的欢笑和快乐重新充盈心间，体味生活的美好与幸福，尤其当你感觉到目前的生活不如意的时候，便越发地怀念过去，而故地重游，总会勾起你对往昔美好生活的怀念。回忆总是美好的，回忆的内容也是愉快的，虽然往事总伴随着开心与伤悲，但每当回忆时，我们总会习惯性地把悲伤淡化，因为曾经的这些故事，总会激起你找回幸福与快乐的信心和勇气。

故地重游，同样的地点，却已是不一样的姿态。故地重游，让我们放下包袱，重新出发。

制作一粒时间胶囊

年纪一点点大起来之后，你会开始遗忘怎样去获得乐趣。这是很多老年人的通病，也是让他们在年老时变得乏味无趣的原因之一。为了提醒自己回忆起青春年少时经历过的那些激动人心的往事，不妨埋下一粒时间胶囊，在老了的时候打开它。

挑选一个即使埋在地下 20 年也不会生物降解的防水容器。在容器里，放上你与你的家人、朋友们的照片，一个最喜爱的玩具，喜欢做的事情的清单，这个星期做过的事情的描述，以及今天的考试卷复印件。

想象自己已经非常老了，打开了这粒时间胶囊。对自己的未来做一个预测，例如你会做什么工作、有没有结婚等，并把这预测也放进胶囊里。

切勿把食物、糖果或宠物放入胶囊！

切勿写下胶囊里有些什么东西。随着时间的推移，你将逐渐淡忘，而当再次开启它的那一刻，将会惊喜无限！

你可以在 20 年后打开它，也可以等到有了孩子，让他们挖出胶囊。那样他们便会发现你以前是什么模样，是多么有趣。千万不要过早地打开它！

漂流瓶漂啊漂

在中世纪，漂流瓶是人们穿越广阔大海进行交流的有限手段之一。密封在漂流瓶中的字条往往包含着重要的信息或者衷心的祝福。发现一个可能从未知地域而来的漂流瓶，对于古代水手而言或许是一种惊喜，神秘而又令人期待……

漂流瓶是随着水流的方向自行漂流的，有的会沉入海底，有的会被鲸鱼吞食，有的会被海藻缠住，有的会被大浪冲到沙滩上，曝晒终年；只有极少数漂流瓶可以到达人类的手中，而被何人捡到则是无法预知的，因此漂流瓶也充满着未知的神秘气息。

如今，漂流瓶已经成为人们许愿的工具。人们在瓶子里装上彩色的许愿沙，用小纸条写上自己的愿望放在瓶子里，以此来祈祷自己的愿望成真。

你想没想过也将自己的愿望放在漂流瓶中投入大海？把一个塞有小字条的瓶子扔到大海里，只有依靠自然与机遇的力量，你的字条才可能到达远方的某个人手里。想一想就觉得很美妙。

开始行动吧。

可以在小字条开头写上诸如："祝贺你发现了瓶子里的字条。请发个邮件告诉我你是谁，在哪儿发现了这个瓶子。""我希望能成为最好的自己。"或者其他表白、祝愿、祈祷、求助等内容。接着介绍一下自己，包括你的名字、居住的国家以及邮箱地址。不要忘了写上日期哦！另外，写小字条时，就用上你所懂得的尽可能多的不同国家的语言吧。

你可以在瓶子里放一件小小的礼物送给发现它的人。可以是哨子之类，万一你的瓶子被一个困在荒岛上的人捡到，就会大有帮助了。瓶子里还可以附上一个请求，希望捡到它的人重新封上瓶子并掷回大海，以期待下一个人去发现它。

写好一切后，当然不能急着把它扔进大海。要牢牢地封住瓶口——你肯定不希望里面的小字条被弄坏吧？当然，假如到不了海边，你也可以将瓶子丢入河里。

现在，你的愿望正"躺"在漂流瓶里，它将随着洋流和季风漂洋过海。你的心里是不是充满了期待？那就耐心地等候吧，说不定有一天，幸福就会来敲门。

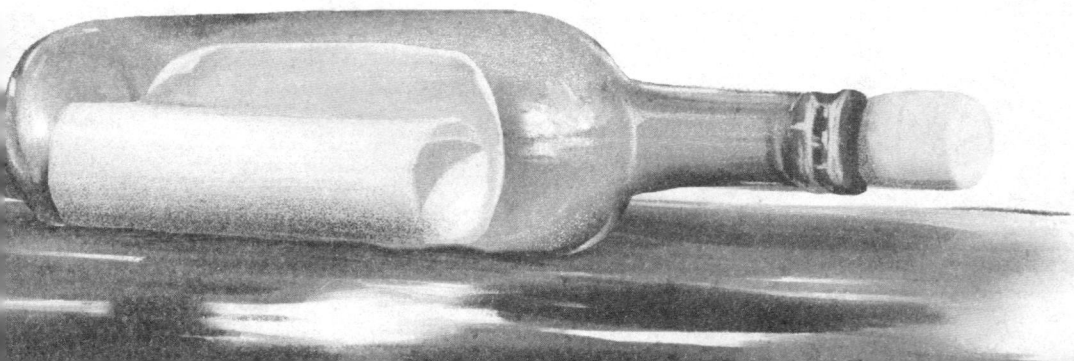

开始收集某种东西

许多人有这种或那种收集爱好，你的收集爱好是什么呢？橡皮？亲笔签名？足球大事记？拼装玩具？贴花纸？

基于兴趣与爱好去收集某种东西，而不是为了哪一天这样东西会变得值钱而去收集。仅仅为了钱的收集会成为额外的负担。你的收集应该是能让你感到愉悦并乐在其中的。

有许多东西可以不花金钱去收集。譬如，袋子、贝壳、瓶子和车票。越漂亮越有趣越不同寻常的越好。

要是哪天厌倦了你的收集，也不要把它们扔掉，装起来丢到阁楼上或塞到床底下。也许某一天你会想要重新看看它们，或者卖掉，若是值钱的话。

大胆地实践自己浪漫的想法

很多时候，在别人不认同的眼光中，我们提不起勇气做自己想做的事情。比如，你喜欢下雨，从小就渴望能够痛痛快快地淋一次雨，在雨中漫步或跳舞一定很浪漫。可是，别人总是告诉你，你也总是这样告诫自己：淋雨不好，会生病的；身边的人都打着伞，就自己一个人不打，大家可能会觉得很奇怪；还有，衣服打湿了，穿在身上会不舒服，何必多一件麻烦事……总之，你总是有很多理由来扼杀掉自己浪漫的天性。

其实，这是一个很容易实现的梦想，只是需要一个下雨天而已。太在乎别人的眼光，反而会让自己束手束脚。

浪漫的事有很多，大多是把平凡的事演绎得唯美了些，诚恳了些。浪漫并不是某一件事情本身，而是置身其中的人从内心深处产生的一种愉悦和陶醉的感受。所以，就算你所期待的只是一种非常平凡的浪漫，比如冬日雪天里牵着爱人的手，或者是夕阳西下时的携手漫步，只要这是你真正期待的，那就大胆地去实践吧，让勇敢多一点，顾虑少一点；行动多一点，空想少一点；幸福多一点，遗憾少一点。

给 10 年后的自己留言

　　有时候忍不住会想 10 年后的自己会是什么样子，和现在的自己比起来，是不是更成熟、更稳重、更幽默？而假如真的到了 10 年之后，回忆起 10 年前的自己又会是什么感觉，是揣着时光荏苒、韶华不再的郁郁寡欢，还是尽力打拼后无怨无悔的心满意足？不管 10 年后的自己是个什么样子，大概人人都会很乐意收到 10 年前自己写给自己的那封信吧。

　　你可以写进信里的东西有很多，这些都源于你的生活、你的内心世界，不一定能够感动别人，却肯定能够打动自己。在岁月的流逝中，你的理想是正在一点一点变成现实，还是相隔得越来越远？这封信，其实是对这 10 年的一个印证。10 年之后，看看你是实现了理想，还是改变了初衷。

　　没有谁的聪明能够高过时间，它用足够的耐心教会我们人生的真相和意义。这封信其实只是想告诉自己，不管现在还是未来，都要过得幸福。